U0861958

高等职业教育机械类创新规划系列教材

金工实训(钳工)

主　编：孟庆义　常昱茜
副主编：何永钰　王春伶
参　编：李　扬　焦雷魁

天津大学出版社
TIANJIN UNIVERSITY PRESS

图书在版编目(CIP)数据

金工实训. 钳工 / 孟庆义, 常昱茜主编 ; 何永钰, 王春伶副主编. -- 天津 : 天津大学出版社, 2023.7（2024.2重印）
高等职业教育机械类创新规划系列教材
ISBN 978-7-5618-7362-5

Ⅰ. ①金… Ⅱ. ①孟… ②常… ③何… ④王… Ⅲ. ①钳工－实习－高等职业教育－教材Ⅳ. ①TG-45

中国版本图书馆CIP数据核字(2022)第234189号

出版发行	天津大学出版社
地　　址	天津市卫津路92号天津大学内（邮编：300072）
电　　话	发行部：022-27403647
网　　址	www.tjupress.com.cn
印　　刷	天津午阳印刷股份有限公司
经　　销	全国各地新华书店
开　　本	787mm×1092mm　1/16
印　　张	10.5
字　　数	276千
版　　次	2023年7月第1版
印　　次	2024年2月第2次
定　　价	64.00元

凡购本书，如有缺页、倒页、脱页等质量问题，烦请与我社发行部门联系调换

版权所有　　侵权必究

前　言

党的二十大报告指出，培养什么人、怎样培养人、为谁培养人是教育的根本问题。育人的根本在于立德。高职教育是职业教育的重要组成部分，编写好职业教育实训教材，是推进职普融通、产教融合、科教融汇，优化职业教育类型定位的重要抓手。在本套实训教材的编写过程中，编者坚持以党的二十大精神为引领，将"落实立德树人根本任务，培养德智体美劳全面发展的社会主义建设者和接班人"的编写宗旨贯穿始终，在教授学生掌握岗位能力和劳动技能的过程中，强化对工匠精神的培养，使学生树立爱岗敬业、精益求精，为全面建设社会主义现代化国家，最终实现中华民族伟大复兴的中国梦不断努力奋斗的远大理想信念。

本书结合具体实训项目指导学生进行钳工完整工作过程的训练，并对训练效果做出评价，着重培养学生的学习能力和职业素养。本书从应用技术型院校学生的实际出发，注重实用性、可操作性，强调对学生实践意识的训练和对学生形象思维能力、观察能力、分析与独立解决实际问题能力的培养。

本书采用"项目-任务"的编写模式，共设置 3 个项目，分别为钳工基础知识、钳工基本操作、实操训练，并将课程思政融入项目学习，深化立德树人的教学宗旨。

项目 1：讲解钳工的基础知识，包括安全教育、实训场地认识、工量具的使用等内容。

项目 2：指导学生进行钳工基本操作，包括划线、锉削、锯削、钻孔、攻螺纹。实操过程配有相关视频资料，可通过手机扫描二维码查看。

项目 3：以训练任务为载体，突出"做中学，学中做"的职业教育特色。在实例操作中，结合生产实际，突出生产过程中的常见问题和质量检测的相关知识，使教学更贴近实际生产，帮助学生掌握操作要领。

本书主要由天津轻工职业技术学院的教师共同编写，孟庆义、常昱茜任主编，何永钰、王春伶任副主编，李扬、焦雷魁（天津市和海科尔科技发展有限公司）参与编写，蒋建文任主审。在本书编写过程中，编者参阅了国内外出版的有关教材和资料，在此对相关人员表示衷心感谢！

由于编者水平有限，书中难免存在不妥之处，恳请读者批评指正。

编　者

2022 年 10 月

目　　录

项目 1　钳工基础知识 …… 1

任务 1　认识钳工 …… 1

任务 2　钳工常用设备及实训要求 …… 5

任务 3　钳工常用量具及其使用方法 …… 13

项目 2　钳工基本操作 …… 21

任务 1　划线 …… 21

任务 2　锉削加工 …… 45

任务 3　锯削加工 …… 55

任务 4　孔加工 …… 65

任务 5　螺纹加工 …… 87

项目 3　实操训练 …… 99

任务 1　基础训练——制作角度样板件 …… 99

任务 2　基础训练——制作手锤 …… 105

任务 3　锉配训练——方圆门锉配件 …… 111

任务 4　锉配训练——锉配四方体 …… 115

任务 5　趣味制作——孔明锁 …… 121

附录 A　普通螺纹攻螺纹前钻底孔的钻头直径 …… 127

附录 B　普通螺纹套螺纹前圆杆直径 …… 129

附录 C　钳工中级工实操技能题库 …… 130

附录 D　钳工高级工实操技能题库 …… 143

项目1　钳工基础知识

机械产品的制造，从毛坯到合格产品要经过一系列的加工。在这个过程中，钳工工作起着极其重要的作用。钳工工作从古到今在产品制造领域一直占有重要地位，在古代，各种武器（如刀、枪、剑、戟）、金属货币、金属日用品、金属劳动工具都是用铸、锻的方法制造的。随着生产技术的发展，人类逐步由制造简单的制品和各种手用工具发展到制造机器零件和装配机器，再发展到制造各种模具、夹具，特别是精密加工，这些都涉及钳工工作。

由此可见，钳工在产品制造中占有非常重要的地位。要成为技艺精湛的钳工工人，首先要知道钳工是做什么的，钳工工作是如何进行的，在钳工工作过程中应该注意哪些安全文明生产要求，这些都需要我们走进项目1——钳工基础知识。

任务1　认识钳工

☑ 任务内容

（1）了解钳工工作内容、现场管理概念。

（2）理解工匠精神内涵。

☑ 任务目标

熟悉钳工实训要求。

☑ 知识链接

1. 钳工简介

钳工是以手工操作为主，利用虎钳等手用工具以及一些机械、电动工具来完成目前机械加工方法难以完成的装配和修理工作的工种。

随着机械工业的发展，钳工的工作范围不断扩大，专业分工更细，包括机修钳工、模具钳工、装配钳工、工具钳工等。不论是哪种钳工，都应该掌握钳工基本技能。钳工基本技能包括划线、锯削、锉削、钻孔、扩孔、铰孔、锪孔、攻螺纹和套螺纹、矫正和弯形、铆接、刮削、研磨，以及基本测量技能和简单的热处理工艺等。在掌握钳工基本技能的基础上，钳工学习者根据分工，进一步学习零件的钳工加工及产品和设备的装配、修理等技能。

钳工的基本操作项目较多，目前虽然有各种先进的加工方法，但很多工作仍然需要由钳工来完成，因此，必须首先掌握钳工基本技能，做到掌握熟练、得心应手、运用自如。

2. 钳工的工作特点

钳工有三大优点:加工灵活、可加工形状复杂和高精度的零件、投资小。钳工有两大缺点:生产效率低且劳动强度大、加工质量不稳定。

(1)加工灵活是指在不适合机械加工的场合,尤其是在机械设备的维修工作中,钳工加工可获得满意的效果。

(2)可加工形状复杂和高精度的零件是指技术熟练的钳工可加工出比现代化机床加工的零件还要精密和光洁的零件,可以加工出连现代化机床也无法加工出的形状非常复杂的零件,如高精度量具、样板、复杂的模具等。

(3)投资小是指钳工加工所用工具和设备价格低廉。

(4)生产效率低且劳动强度大是由钳工的手工作业形式决定的。

(5)加工质量不稳定是指钳工的加工质量的高低受工人技术熟练程度的影响较大。

3. 钳工作业

钳工作业包括划线、加工零件、装配、设备维修和创新技术。

(1)划线:对加工前的零件毛坯进行划线。

(2)加工零件:对采用机械方法不太适宜或不能加工的零件,各种工、夹、量具以及各种专用设备等的制造。

(3)装配:将机械加工好的零件按机械的各项技术精度要求进行组件、部件装配和总装配,使之成为一台完整的机械。

(4)设备维修:针对机械设备在使用过程中出现的损坏、故障或长期使用后的精度下降,通过钳工作业进行维护和修理。

(5)创新技术:为了提高劳动生产率和产品质量,不断进行技术革新,改进工具和工艺,这也是钳工的一项重要任务。

总之,钳工是机械制造工业中不可缺少的工种。

4. 现场管理概念

“6S”管理是由日本企业广泛采用的“5S”扩展而来的。“5S”即整理(SEIRI)、整顿(SEITON)、清扫(SEISO)、清洁(SEIKETSU)、素养(SHITSUKE),因这五个词语的日文音译单词都以“S”开头,所以简称“5S”,后在“5S”基础上加上安全(SECURITY),形成“6S”。

“6S”是现代工厂行之有效的现场管理理念和方法,其作用是提高效率、保证质量,使工作环境整洁有序,预防为主,保证安全。

“6S”的本质是一种具有执行力的企业文化,强调纪律性、不怕困难、想到做到、做到做好。作为基础性的现场管理方法,“6S”能为其他管理活动提供优质的管理平台。

“6S”管理的内容如下。

(1)整理(SEIRI):将工作场所内的任何物品区分为有必要和没有必要两种,除了有必要留下来的物品,其他的都去除掉。目的:腾出空间、空间活用、防止误用、打造清爽的工作场所。

（2）整顿（SEITON）：把留下来的必要物品依规定位置摆放，并放置整齐，加以标识。目的：使工作场所一目了然，减少寻找物品的时间，形成整洁的工作环境，消除过多的积压物品。

（3）清扫（SEISO）：将工作场所内看得见与看不见的地方清扫干净，保持工作场所干净、亮丽。目的：稳定品质、减少工业伤害。

（4）清洁（SEIKETSU）：将整理、整顿、清扫进行到底，并且制度化，经常保持环境处在美观的状态。目的：创造明朗的现场环境，维持上面"3S"的成果。

（5）素养（SHITSUKE）：每位成员养成良好的习惯，并遵守规则做事，培养积极主动的精神（也称习惯性）。目的：培养具有良好习惯、遵守规则的员工，加强团队精神。

（6）安全（SECURITY）：重视成员安全教育，使其每时每刻都有安全第一的观念，防患于未然。目的：建立安全生产环境，使所有工作都建立在安全的前提下。

5. 解读工匠精神

1）工匠精神

工匠精神（又称匠人精神）是指工作者对自己的产品精雕细琢，精益求精，不断追求完美的精神理念。传统匠人喜欢不断雕琢自己的产品，不断改善工艺，享受产品价值在双手中升华的过程。工匠精神的目标是打造本行业最优质的产品，其他同行无法匹敌的卓越产品。概括起来，工匠精神就是追求卓越的创造精神、精益求精的品质精神、用户至上的服务精神。

当前的产业竞争是人才和技术的竞争，工匠精神是整个过程中最为稀缺和最为需要的。素质教育的目的不仅是培养学生的基础技能，更需要培养学生追求极致的工匠精神，培养学生的工匠精神不仅是社会的需要，也是素质教育的需要。

2）践行工匠精神

"工匠精神"一词的出现，让人耳目一新，有媒体将其列入"十大新词"予以解读。古语云："玉不琢，不成器。"工匠精神不仅体现了对产品精心打造、精工制作的理念和追求，更暗含不断吸收最前沿的技术，创造出新成果的时代精神。

工匠精神落在个人层面，就是一种认真精神、敬业精神。其核心是：不仅仅把工作当作赚钱养家糊口的手段，而是树立起对职业敬畏、对工作执着、对产品负责的态度，极度注重细节，不断追求完美和极致，给客户无可挑剔的体验；将一丝不苟、精益求精的工匠精神融入每一个环节，做出打动人心的一流产品。与工匠精神相对应的则是"差不多"精神，即仅仅满足于90%、差不多就行了，而不追求100%。当前，我国制造业存在的大而不强、产品档次整体不高、自主创新能力较弱等问题，多少与工匠精神稀缺、差不多精神显现有关。

☑ 任务步骤

（1）观看《大国工匠》纪录片。

（2）抄写安全操作规程。

（3）接受实训任务布置。

☑ 任务评价

任务名称					
班级			学号		
姓名			日期		
序号	考核项目	配分	评分标准	实测记录	得分
1	遵守纪律、课堂互动	20	酌情扣分		
2	抄写安全操作规程	25	酌情扣分		
3	接受实训任务布置	25	酌情扣分		
4	观看《大国工匠》纪录片	30	酌情扣分		
总计得分					
学生任务总结:					
教师点评:					

任务 2 钳工常用设备及实训要求

☑ 任务内容

（1）了解钳工技能实训安全知识。
（2）知道钳工常用设备及其用途。

☑ 任务目标

（1）熟知钳工安全文明生产要求。
（2）正确使用钳工常用工量具。

☑ 知识链接

钳工工作场地是指钳工作业的固定地点，钳工工作场地内的实训设备主要有钳工工作台、台虎钳、砂轮机、各种钻床、各种工量具等，如图 1-2-1 所示。

（a）

（b）

图 1-2-1 钳工工作场地
（a）教学实训场地 （b）企业生产场地

1. 钳工常用设备

1）钳工工作台

钳工工作台（简称钳台）的功能是安装台虎钳，放置工具和工件等，其高度为 800~900 mm。为使操作者工作舒适，装上台虎钳后，一般以钳口高度恰好与操作者手肘位置平齐为宜，如图 1-2-2 所示。

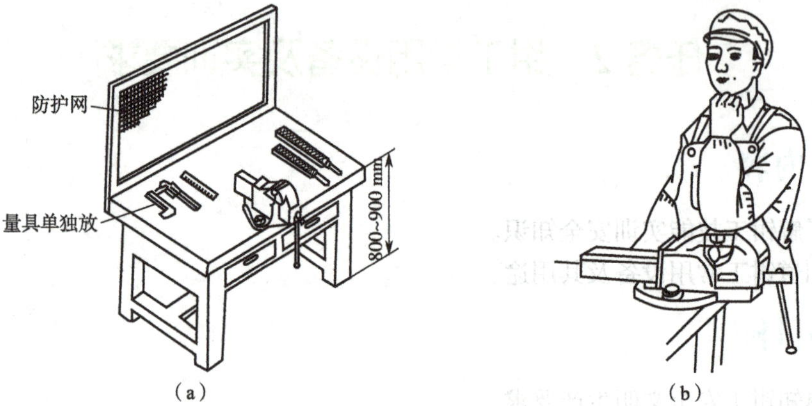

图 1-2-2 钳工工作台及台虎钳的合适位置

(a)钳工工作台 (b)台虎钳的合适位置

2)台虎钳

台虎钳用来夹持工件,有固定式和回转式两种,其规格以钳口的宽度表示,有 100 mm (4 in)、125 mm(5 in)、150 mm(6 in)等。

将台虎钳安装在钳台上时,必须使固定钳身的工作面处于钳台边缘以外,以保证夹持长形工件时,工件的下端不受钳台边缘的阻碍,如图 1-2-3 所示。

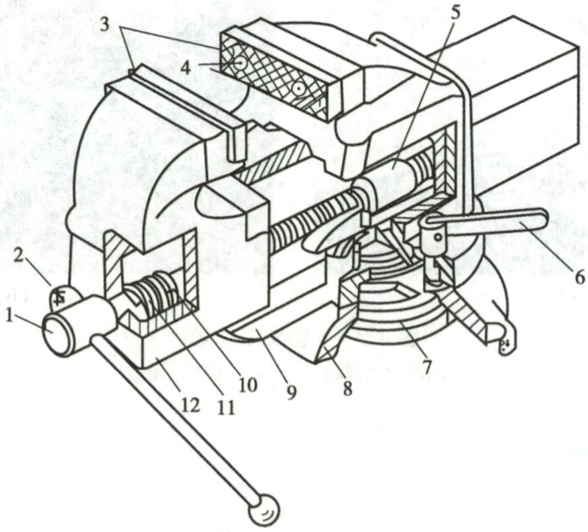

图 1-2-3 台虎钳

1—丝杆;2—摇动手柄;3—淬硬的钢钳口;4—钳口螺钉;5—螺母;6—紧固手柄;7—夹紧盘;8—转动盘座;9—固定钳身;10—弹簧;11—垫圈;12—活动钳身

3)砂轮机

砂轮机用来刃磨钻头、錾子等刀具或其他工具等,由电动机、砂轮和机体组成,如图 1-2-4 所示。

(a)

(b)

图 1-2-4　砂轮机和砂轮片

(a)砂轮机　(b)砂轮片

4)钻床

钻床用来对工件的各类圆孔进行加工,有台钻、立钻和摇臂钻等,如图 1-2-5 所示。

(a)

(b)

(c)

图 1-2-5　钻床

(a)台钻　(b)立钻　(c)摇臂钻

5)钳工常用工量具

钳工常用工量具(工具、量具)包括划线用的划针、划线盘、划规、样冲、样件、平板、方箱、V 形铁,锉削用的各种锉刀,锯割用的锯弓和锯条,孔加工用的麻花钻头,各种锪钻和铰刀,攻丝、套丝用的丝锥、板牙及铰手,测量用的游标卡尺、千分尺、百分表等。钳工常用工量具见表 1-2-1。

表 1-2-1　钳工常用工量具

名称	图示	名称	图示
锉刀		手锯	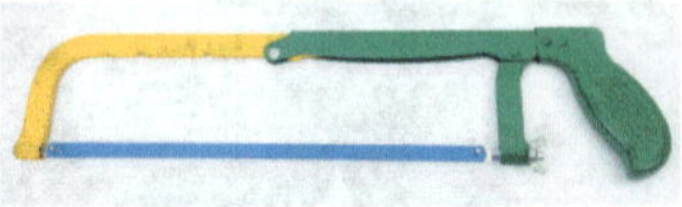
划线平台		V 形铁	
铰杠		板牙架	
游标卡尺	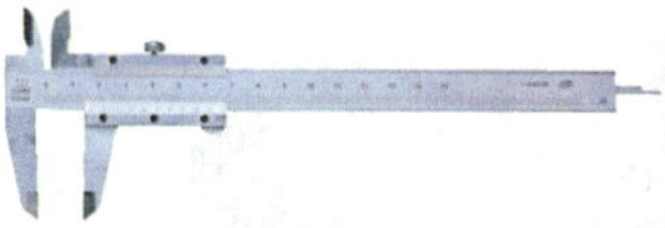	刀口角尺	
高度游标卡尺	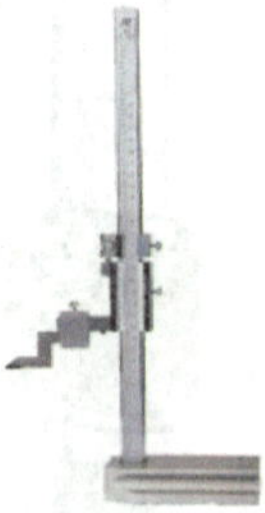	百分表	
锯条		麻花钻	
铰刀		丝锥	
样冲		手锤	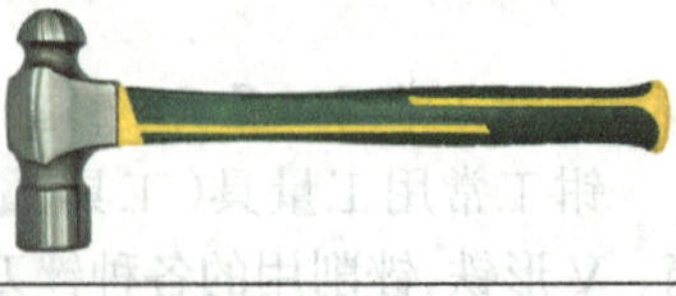
划针		划规	

2. 钳工安全文明生产

在钳工基本技能实训及今后工作中,都有可能发生安全事故,严重时甚至会危及个人生命。如果掌握了避免事故发生的方法,并在今后的实训及工作中切实执行安全操作规程,可在很大程度上避免事故发生,使个人安全得到保障。因此,了解钳工安全文明生产知识十分重要。

在以往的钳工基本技能实训中,发生过以下安全事故:某学生操作者在锉削过程中未装紧手柄,导致锉刀脱手飞出,操作者失去重心,致其手掌受伤;钻孔时未夹紧工件,当钻头快要钻穿工件时,高速旋转的钻头带动工件旋转,高速旋转的工件打伤了操作者的左手……

事实上,上述事故是可以避免的,引起这些事故的主要原因是操作者未遵守安全操作规程。安全操作规程规定锉削前检查工具,钻孔时要将工件夹紧。如果操作者按照规程操作,这些事故就不会发生了。因此,在今后的实训及工作中,应严格遵守安全操作规程,避免类似事故发生。

1)钳工安全操作规程

(1)操作前必须把一切防护用品穿戴齐。进入车间实习时,需佩戴工作帽,穿工作服,不允许穿短裤以及拖鞋。

(2)操作前要检查刀具和设备是否安全。

(3)工量具要求:要按顺序摆放并排列整齐,使用过的工量具应遵循左量具、右工具的原则摆放整齐且不能伸出钳工工作台边缘;量具使用完毕后应擦干净,并在其表面涂油防锈。

(4)锉削要求:使用的锉刀必须带锉刀柄;操作中应重推,轻拉回,保持锉刀水平运动;锉刀不得沾油,存放时不得互相叠放;清除切屑要用刷子,不能直接用手清除或用嘴吹。

(5)锯削要求:工件快要锯断时,用力要轻,以防工件突然锯断伤手或工件断落砸伤脚;锯削时用力要控制好,防止因锯条突然折断而失去重心,致人受伤。

(6)台虎钳要求:应根据工件精度要求,加放铁制钳口,夹持工件要松紧适当,不得借助其他工具加力;不允许在活动钳身和光滑面上敲击作业;台虎钳使用完毕后,须将其打扫干净,使钳口松弛、摇臂垂直向下。

(7)钻床要求:操作钻床时不能戴手套,袖口要扎紧;操作者必须戴工作帽;工件要装夹好,快要钻穿工件时,要减小进给力;启动钻床前,要取下钻夹头钥匙或斜铁;清除切屑时不可用手和棉纱擦拭或用嘴吹,必须用毛刷清除;对于长条切屑,要用钩子钩断后除去;手动操作应断续提起钻头断屑,以便切屑排出;操作者的头部不能与旋转的主轴靠得太近;不能用手抓住主轴制动,应让主轴自然停止,也不能反转制动。

(8)攻丝与铰孔要求:丝锥与铰刀中心均要与孔中心一致,用力要均匀,并按先后顺序进行;攻、套丝时,应注意反转,并根据材料性质,必要时加润滑油,以免损坏板牙和丝锥;铰孔时不准反转,以免刀刃崩坏。

2)钳工实训场地规章制度

(1)热爱集体、尊师守纪、团结同学、互帮互学、听从指挥、刻苦勤学。

(2)不迟到、不早退、不无故缺席,不擅自离开实训岗位,不擅自开动与自己无关的机床设备。

(3)进入实训场地前必须穿好工作服、工作鞋,戴好工作帽,操作机床时严禁戴手套。

(4)离开使用的机床时,应先停车、关灯、切断电源,工具设备损坏后应由专人进行维修,其他人员不得擅自拆动。

(5)爱护实训设备及工量具,保持实训场地地面、墙面的清洁,工量具应摆放整齐。每天实训结束前,应做好个人的工具清理及工作台、地面的清洁工作,并关好门窗,损坏或丢失公物须按价赔偿。

(6)严禁刃磨管制刀具,一经发现应给予纪律处分。

(7)实训过程中要遵守钳工安全操作规程,执行实训场地的"6S"管理标准。

☑ 任务步骤

(1)抄写安全操作规程。

(2)领取工具柜钥匙,检查并盘点工量具。

(3)熟悉实训场地。

☑ 任务评价

任务名称					
班级			学号		
姓名			日期		
序号	考核项目	配分	评分标准	实测记录	得分
1	遵守纪律、课堂互动	25	酌情扣分		
2	熟悉实训场地	25	酌情扣分		
3	认识工量具	25	酌情扣分		
4	检查盘点工量具	25	酌情扣分		
总计得分					
学生任务总结：					
教师点评：					

任务 3　钳工常用量具及其使用方法

☑ 任务内容

（1）知道游标卡尺、深度游标卡尺、刀口角尺等常用量具的应用场合。

（2）知道量具的日常维护项目。

☑ 任务目标

（1）能够使用量具测量工件并正确读出测量数据。

（2）能够使用刀口角尺对工件进行找正测量。

☑ 知识链接

1. 游标卡尺

常用的游标类量具有游标卡尺、游标高度尺、深度游标卡尺、齿厚游标卡尺和万能角度尺等，如图 1-3-1 所示。其中，最常用和最典型的是游标卡尺，它是一种适用于中等精度（公差等级为 IT6~IT10）的尺寸测量和检验的工具，可以进行零件的外径、内径、深度、长度尺寸的测量。

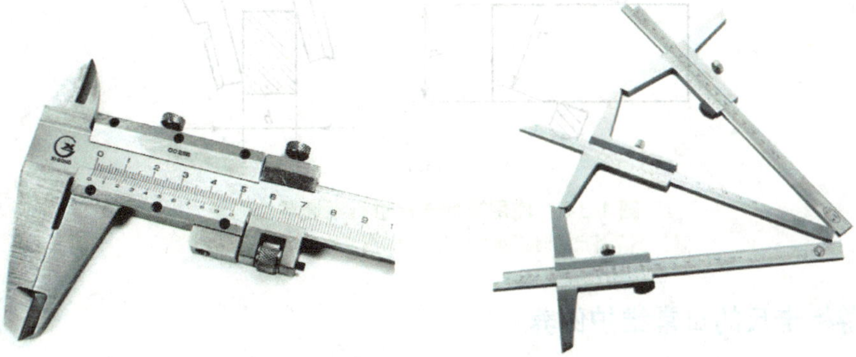

（a）　（b）

图 1-3-1　游标类量具
（a）游标卡尺　（b）深度游标卡尺

2. 读数原理

以刻度值 0.02 mm 的精密游标卡尺（图 1-3-2）为例，读数方法可分如下三步：

（1）根据副尺零线以左的主尺上的最近刻度读出整数（mm）；

（2）根据副尺零线以右与主尺上的刻度对准的刻线数乘上 0.02 读出小数（mm）；

（3）将上面整数和小数两部分加起来，即为总尺寸（mm）。

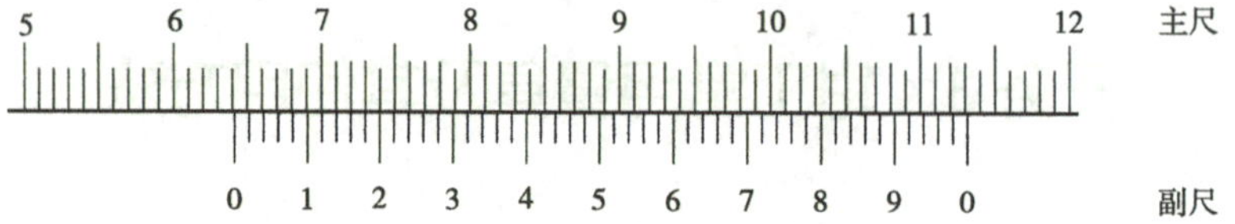

图 1-3-2 精密游标卡尺的主、副尺

如图 1-3-2 所示,副尺零线所对主尺前面的刻度为 64 mm,副尺零线后的第 9 条线与主尺的一条刻线对齐。副尺零线后的第 9 条线表示 0.02 mm × 9 = 0.18 mm,所以被测工件的尺寸为 64 mm + 0.18 mm = 64.18 mm。

3. 测量练习

使用游标卡尺进行毛坯零件测量,如图 1-3-3 所示。

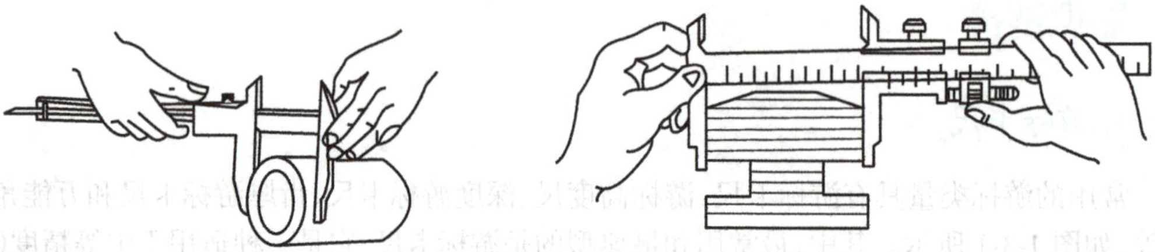

(a)

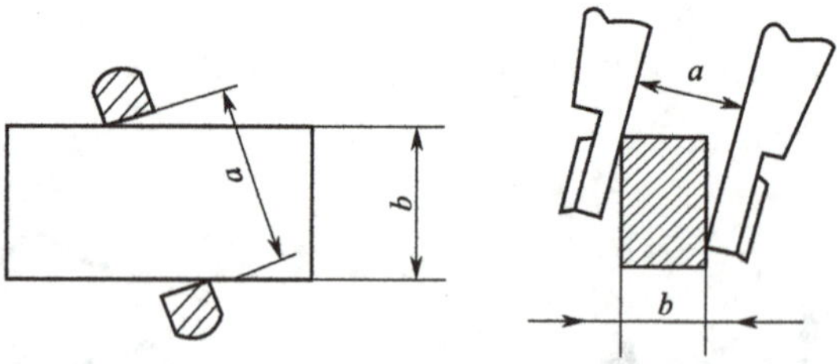

(b)

图 1-3-3 使用游标卡尺进行毛坯零件测量

(a)测量外尺寸时正确的位置 (b)测量外尺寸时错误的位置

4. 游标卡尺的日常维护保养

(1)游标卡尺是比较精密的测量工具,要轻拿轻放,不得碰撞或跌落。使用时不要用游标卡尺测量粗糙的物体,以免损坏量爪。避免将游标卡尺与刃具放在一起,以免刃具划伤游标卡尺的表面。游标卡尺不使用时应置于干燥中性的地方,远离酸碱性物质,防止锈蚀。

(2)测量前应把游标卡尺擦干净;检查游标卡尺的两个测量面和测量刃口是否平直无损,把两个量爪紧密贴合时,应无明显的间隙,同时游标和主尺的零位刻线要相互对准。这个过程称为校对游标卡尺的零位。

(3)移动尺框时,活动要自如,不应过松或过紧,更不能有晃动现象。用固定螺钉固定尺框时,卡尺的读数不应有所改变。在移动尺框时,不要忘记松开固定螺钉,亦不宜过松以免尺框掉落。

(4)当测量零件的外尺寸时,卡尺两测量面应垂直于被测量表面,不能歪斜。测量时,可以轻轻摇动游标卡尺,放正垂直位置。

(5)用游标卡尺测量零件时,不允许过分地施加压力,所用压力应使两个量爪刚好接触零件表面。如果测量压力过大,不但会使量爪弯曲或磨损,且量爪在压力作用下产生弹性变形,使测量得到的尺寸不准确(外尺寸小于实际尺寸,内尺寸大于实际尺寸)。

(6)在游标卡尺上读数时,应水平拿着游标卡尺并朝着亮光的方向,使人的视线尽可能和游标卡尺的刻线表面垂直,以免由于视线的歪斜造成读数误差。

(7)为了获得正确的测量结果,可以多测量几次,即在零件的同一截面上的不同方向进行测量。对于较长零件,则应当在全长的各个部位进行测量,以便获得一个比较准确的测量结果。

(8)游标卡尺使用完毕后,用棉纱擦拭干净。长期不用时,应将它擦上黄油或机油,两量爪合拢并拧紧紧固螺钉,放入盒内保存。

5. 刀口角尺

刀口角尺(图 1-3-4)是检验和划线工作中常用的量具,用于检测机床、机械设备及零部件的垂直度及工件相对位置的垂直度,如检定仪器导轨运动的垂直度、检测工件相互位置的垂直度误差、安装加工定位、划线等。刀口角尺是机械行业中的重要量具。

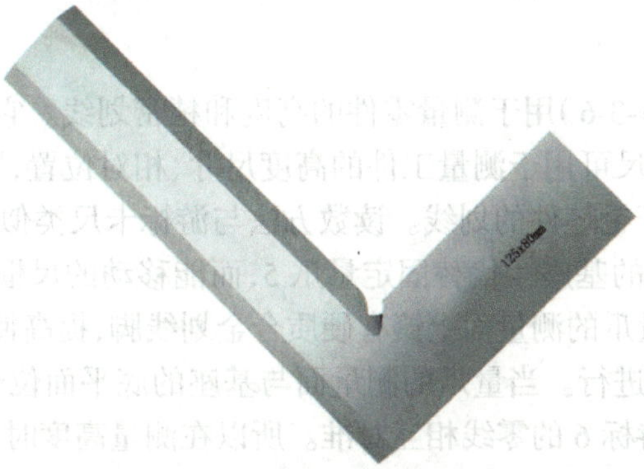

图 1-3-4　刀口角尺

刀口角尺测量方法如下。

(1)刀口角尺一般分为 2 个精度等级,1 级用于检验精密工件,2 级用于检验一般工件。

(2)使用前,应先检查各工作面和边缘是否被碰伤。刀口角尺长边的左、右面和短边的上、下面都是工件面(即内外直角)。测量前,应将工作面和被测工件的工作面擦净。

(3)使用时,将刀口角尺靠放在被测工件的工作面上,用光隙法鉴别工件的角度是否正确。注意轻拿、轻靠、轻放,防止弯曲变形。

平直度检查方法如下。

(1)用光隙法检查。

(2)检查时将工件擦净,将刀口角尺稍倾斜放在工件表面上进行纵、横和对角检查。根据刀口处光的均匀度,判断是否平直。

(3)锉削质量检查。

①检查直线度:用钢尺和刀口角尺采用光隙法检查。

②检查垂直度:用刀口角尺采用光隙法检查。应先选择基准面,然后对其他各面进行检查,如图 1-3-5 所示。

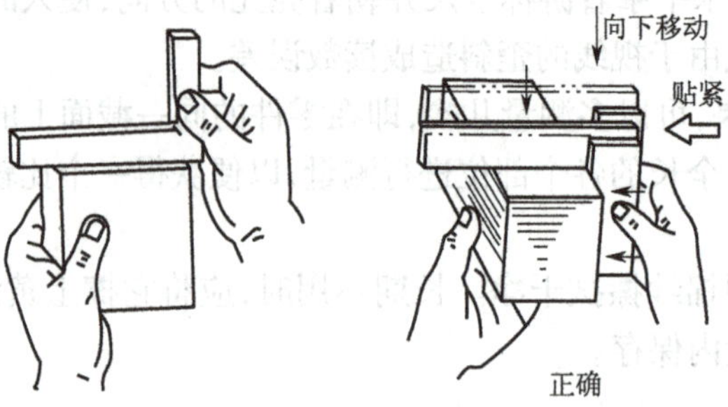

图 1-3-5　用刀口角尺检查直线度和垂直度

(a)检查直线度　(b)检查垂直度

③检查尺寸:用游标卡尺在全长不同的位置上测量几次。

④检查表面粗糙度:一般用眼睛观察即可,如要求准确,可用表面粗糙度样板对照检查。

6. 高度游标卡尺

高度游标卡尺(图 1-3-6)用于测量零件的高度和精密划线。它前端装有硬质合金材质的划线脚。高度游标卡尺可用于测量工件的高度尺寸、相对位置,以及成品、半成品的精密划线,但一般不允许用于毛坯件的划线。读数方法与游标卡尺类似,精度为 0.02 mm。它的结构特点是用质量较大的基座 4 代替固定量爪 5,而能移动的尺框 3 则通过横臂连接测量高度和划线用的量爪;量爪的测量面上镶有硬质合金划线脚,提高使用寿命。高度游标卡尺的测量工作应在平台上进行。当量爪的测量面与基座的底平面位于同一平面时,如在同一平台平面上,主尺 1 与游标 6 的零线相互对准。所以在测量高度时,量爪测量面的高度就是被测量零件的高度尺寸,它的具体数值与游标卡尺一样,可在主尺(读出整数部分)和游标(读出小数部分)上读出。应用高度游标卡尺划线时,先调好划线高度,用紧固螺钉 2 把尺框锁紧后,在平台上进行调整,最后进行划线。

高度游标卡尺的使用方法:在使用时,应先对高度游标卡尺进行校正,即将量爪贴在干净的水平台面上归零,然后用标准量块进行校正;如测量值与标准值有偏差,则在使用时要根据实际偏差对尺寸进行相应的修正。高度游标卡尺的划线应用如图 1-3-7 所示。

使用注意事项如下。

(1)高度游标卡尺作为精密划线工具,不得用于粗糙毛坯表面的划线。

(2)测量前,用清洁的布擦拭尺身表面、底座和量爪的工作面,检查量爪是否有磨损。

(3)移动齿框时,活动要自如,不应有过松、过紧及晃动的现象。

(4)划线时,尽量保证线条一次划出,以保证准确性。

（5）用完以后，应将高度游标卡尺擦拭干净，涂油装盒保存，避免磕碰量爪，造成量爪损坏。

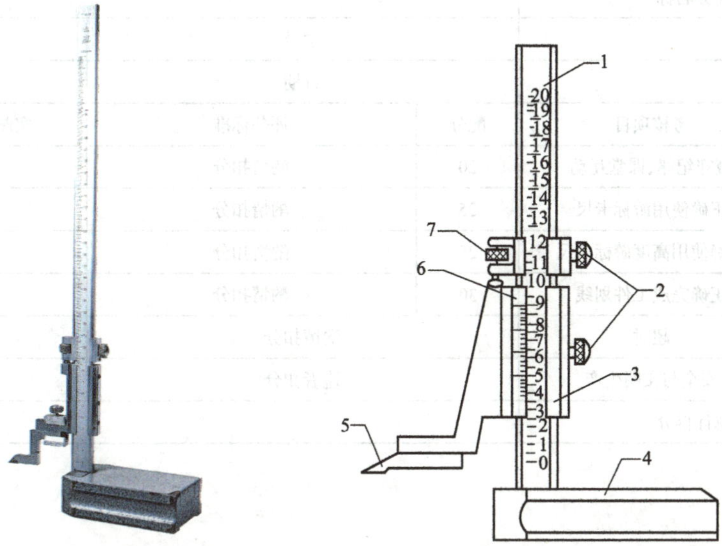

图 1-3-6　高度游标卡尺

1—主尺；2—紧固螺钉；3—尺框；4—基座；5—量爪；6—游标；7—微动装置

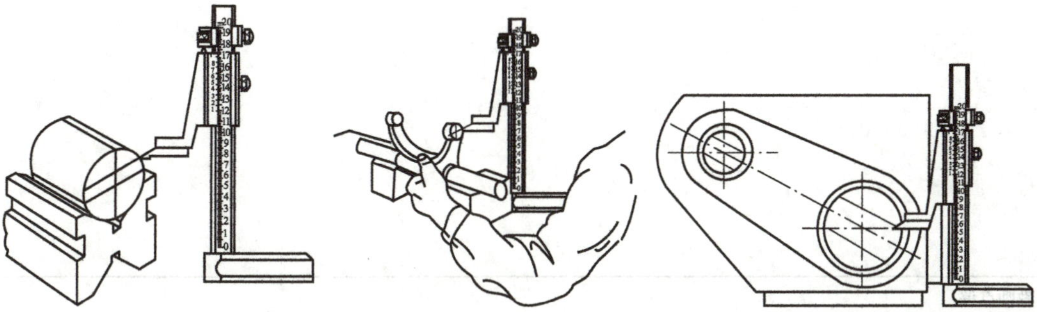

（a）　（b）　（c）

图 1-3-7　高度游标卡尺的划线应用

（a）划偏心线　（b）划拨叉轴　（c）划箱体

☑ 任务步骤

（1）清点工量具。

（2）发放毛坯材料并进行测量。

（3）正确使用高度游标卡尺进行划线。

☑ 任务评价

<table>
<tr><td colspan="2">任务名称</td><td colspan="4"></td></tr>
<tr><td>班级</td><td></td><td colspan="2">学号</td><td colspan="2"></td></tr>
<tr><td>姓名</td><td></td><td colspan="2">日期</td><td colspan="2"></td></tr>
<tr><th>序号</th><th>考核项目</th><th>配分</th><th>评分标准</th><th>实测记录</th><th>得分</th></tr>
<tr><td>1</td><td>遵守纪律、课堂互动</td><td>20</td><td>酌情扣分</td><td></td><td></td></tr>
<tr><td>2</td><td>正确使用游标卡尺</td><td>25</td><td>酌情扣分</td><td></td><td></td></tr>
<tr><td>3</td><td>正确使用高度游标卡尺</td><td>25</td><td>酌情扣分</td><td></td><td></td></tr>
<tr><td>4</td><td>正确完成工件划线</td><td>30</td><td>酌情扣分</td><td></td><td></td></tr>
<tr><td>5</td><td>超时</td><td colspan="2">酌情扣分</td><td></td><td></td></tr>
<tr><td>6</td><td>安全与文明生产</td><td colspan="2">违者扣分</td><td></td><td></td></tr>
<tr><td colspan="2">总计得分</td><td colspan="4"></td></tr>
<tr><td colspan="6">学生任务总结：</td></tr>
<tr><td colspan="6">教师点评：</td></tr>
</table>

从高考落榜到高端发动机制造挑大梁——国之工匠杨永修的追梦人生

杨永修是一名数控技术工人，更是中国汽车制造领域的工匠。他攻克了高端发动机精密制造技术，获得全国技术能手、全国五一劳动奖章等多项荣誉。他能把高端发动机缸体、缸盖垂直度和同轴度等制造精度做到头发丝直径的三分之一，把精细的图纸参数加工成精密缸体；他能改装进口数控机床使其拥有更多功能；他已拥有 18 项国家专利，成为“发明大王”；他还是车间里多位知名高校毕业生的师傅。在机器轰鸣的车间里一站就是一天，是他的工作常态。

杨永修是中国第一汽车集团有限公司（简称“一汽”）研发总院试制所数控班组高级技师。多年前，杨永修还远在河南商丘，那年他高考落榜。深信知识能够改变命运的他，复读一年之后再战，虽然可以上本科，但可选余地较少，最后他决定上个好专科，于是选择长春汽车工业高等专科学校，成为一名数控专业学生。

入学后，他逐渐爱上了数控专业，在校期间的成绩始终保持在班级第一名。毕业后，他如愿成为原一汽技术中心的一名工人。原一汽技术中心是一汽的核心部门，负责设计研发工作。试制车间更是核心中的核心，包括发动机在内的很多精密零部件都是从这里走出去实现量产的。

海阔凭鱼跃，天高任鸟飞。杨永修暗自下决心，不能满足于现状。当了半年普通加工工人后，他转入自己热爱的数控岗位。一汽是“共和国汽车工业的长子”，拥有一大批优秀的技术工人且其中很多是国之工匠，企业技术传承文化浓郁，杨永修的快速成长也得益于此。5 年多的时间内，他废寝忘食地向前辈请教难题，很多人对他知无不言。他回忆时说：“花笨功夫照着试验，快乐且充实。”功夫不负有心人。很快，杨永修脱颖而出，成为技术能手。

如今的智能制造，让数控技术有了更多用武之地，高端发动机等精密零部件的加工都需要数控技术实现。而对杨永修而言，加工设备操作难度越高、操作系统越复杂，就越能激起他的学习欲望。凭借这股劲头，杨永修不仅能熟练操作海德汉等进口数控系统，还具备多款软件编程、多台数控设备操作和复杂刀具设计改制等技能，这让他在高端发动机制造、精密零部件研制等领域大显身手。在立式四轴加工中心的精密加工技术研究中，他提炼三步操作找正法，转台调试时间由原来的 35 min 缩短至 10 min，效率提升 70%以上，精度在 0.012 mm 以内。

2018 年初，新红旗品牌战略发布之后，杨永修主要承担红旗自主研发的高端发动机、变速箱及底盘等核心精密零部件的数控加工工作，解决了一大批“卡脖子”难题。他先后完成 30 余项重大试制任务，累计攻克 130 多项技术难题，为一汽节约或创造价值 1 200 多万元。他还依托师徒工作间和劳模创新工作室，开展快速试制、集成制造等多项试制技术研究，培养了一批高级技能人才。他的团队中大部分成员已经掌握了数控技术，实现了数智化转型。

项目 2　钳工基本操作

钳工是利用台虎钳和各种手用工具，以及使用一些机械、电动工具来完成目前机械加工不能完成的工作的工种。钳工工作从古到今在产品制造领域一直占有重要地位。

钳工工作是一项比较复杂、细致，对工艺要求高的工作，基本操作包括：划线、錾削、锯割、锉削、钻孔、扩孔、锪孔、铰孔、攻丝和套丝、矫正和弯曲、铆接、刮削、研磨，以及基本测量、简单热处理等。

任务 1　划线

根据图纸或实物的尺寸要求，准确地在工件表面、毛坯表面、已加工表面上划出加工界线，这项操作叫划线。划线精度一般为 ±0.4 mm。

划线是一项复杂、细致而重要的工作，它直接关系到产品的质量，是机械加工中的重要工序之一。划线广泛应用于单件和小批量产品的生产中，是钳工工人必须掌握的一项重要操作基本技能。划线的作用是使零件在加工时有明确的标志，还可以检查毛坯是否正确，有些不合格的毛坯还可通过划线借料的方法得到补救。

划线分为以下几种。

（1）在工件或毛坯的一个平面上划线就能明确表示工件加工界线的称为平面划线，如图 2-1-1（a）所示。

（2）需要在工件或毛坯的长、宽、高三个方向划线，组成两个以上表面才能明确加工界线的称为立体划线，如图 2-1-1（b）所示。立体划线是平面划线的组合。

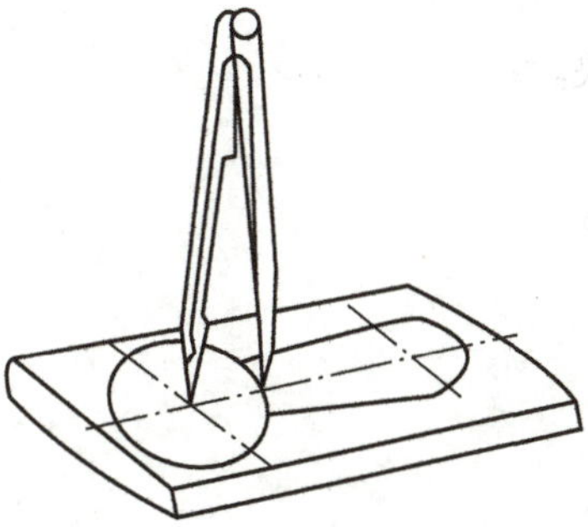

（a）

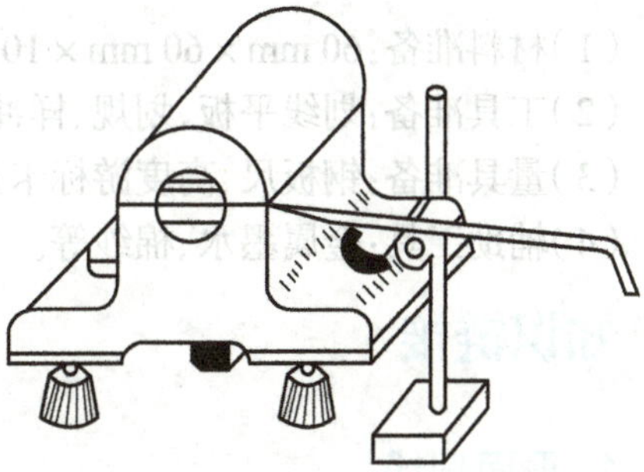

（b）

图 2-1-1　划线

（a）平面划线　（b）立体划线

（3）按所划线在加工过程中的作用，划线又分为划找正线、划加工线和划检验线。

子任务 1.1　平面划线

☑ 任务内容

在 60 mm × 60 mm × 10 mm 钢板上完成如图 2-1-2 所示的样板件划线。

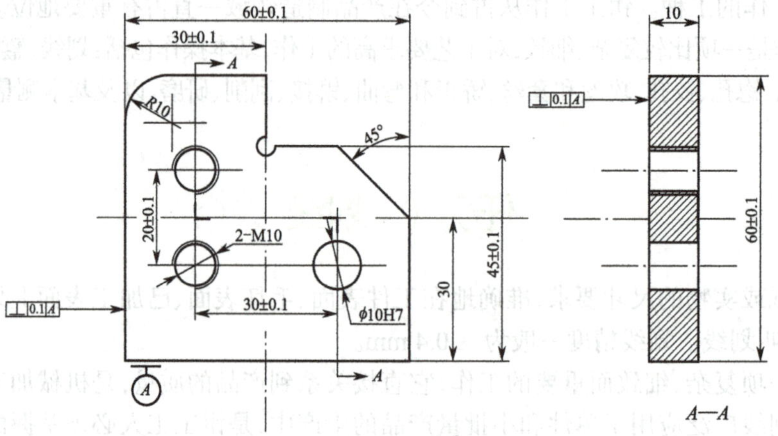

图 2-1-2　样板件(mm)

☑ 任务目标

(1)根据图纸要求在工件毛坯的一个平面上划出能明确表示工件加工界线的线条。

(2)要求划出的线条清晰均匀、尺寸准确。

(3)必须掌握各种划线工具的使用方法以及基本线条的划法。

☑ 任务准备

(1)材料准备:60 mm × 60 mm × 10 mm 钢板一块。

(2)工具准备:划线平板、划规、样冲、手锤等。

(3)量具准备:钢板尺、高度游标卡尺、直角尺等。

(4)辅助工具:金属墨水、棉纱等。

☑ 知识链接

1. 平面划线

1)平面划线工具

平面划线所用到的工具有划线平板、钢直尺、划针、划规、样冲及其他量具等。

Ⅰ.划线平板

划线平板是划线的主要工具,由铸铁制成,工作表面经过刮削加工,是划线时的基准平面,如图 2-1-3 所示。

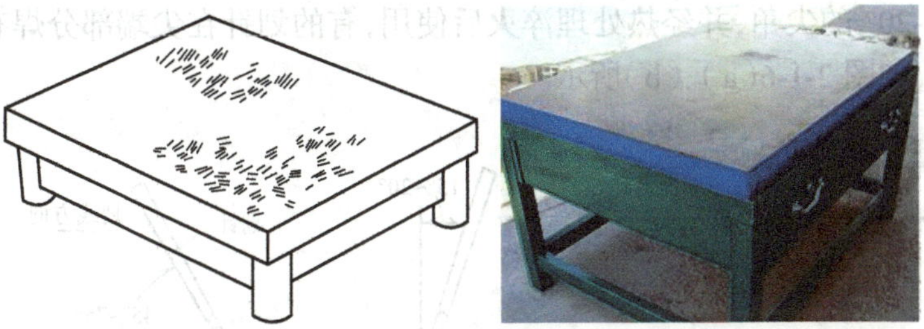

图 2-1-3　划线平板

Ⅱ. 划线平板的使用注意事项

(1)安放时要求平稳,使台面保持水平。

(2)保持台面清洁,长期不用时应涂油、加罩保护。

(3)工件和工具在平板上应轻拿轻放,不可损伤台面,以免造成精度降低。

(4)不可在划线平板上进行敲击作业。

2)钢直尺

(1)钢直尺是最简单的长度量具,按长度有 150 mm, 300 mm, 500 mm 和 1 000 mm 四种规格。一般常用的规格是 150 mm 钢直尺,如图 2-1-4 所示。

图 2-1-4　150 mm 钢直尺

(2)钢直尺用于测量零件的长度尺寸,也可作为在工件上划直线的导向工具,如图 2-1-5 所示。

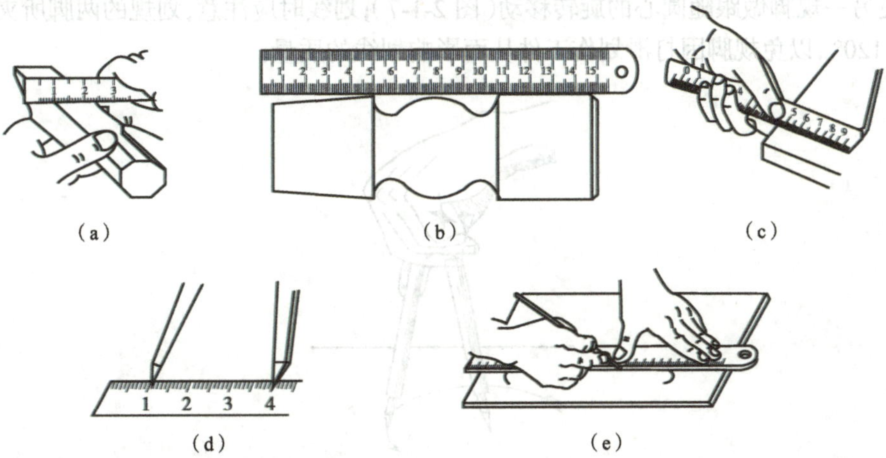

图 2-1-5　钢直尺的使用

(a)量宽度　(b)量长度　(c)量深度　(d)量取尺寸　(e)划直线时导向

3)划针

划针是用来在工件上划线的工具,由碳素工具钢制成,直径一般为 3~5 mm。划针的尖端被磨成 15°~20° 的尖角,并经热处理淬火后使用,有的划针在尖端部分焊有硬质合金,以提高其耐磨性,如图 2-1-6(a)、(b)所示。

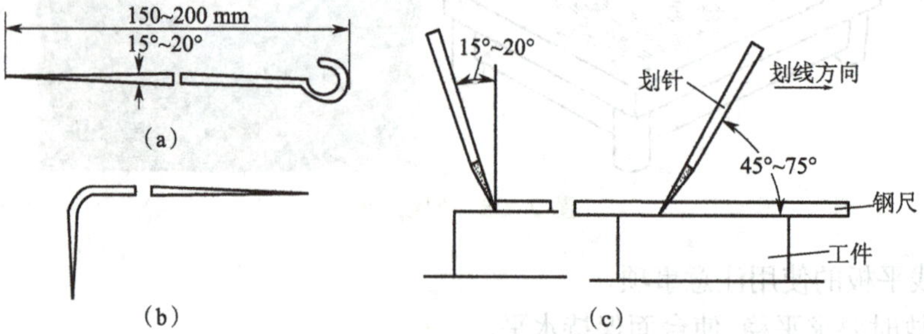

图 2-1-6 划针及其使用方法

(a)直划针 (b)弯头划针 (c)使用方法

使用划针时的注意事项如下。

(1)划线时针尖要紧靠导向工具的边缘,并压紧导向工具。

(2)划线时划针向划线方向倾斜 45°~75° 夹角,上部向外侧倾斜 15°~20°,如图 2-1-6(c)所示。在使用划针时,必须保持划针的锐利,否则会影响线条的准确性,用钝的划针可在油石或砂轮上磨锐。

(3)划线时,尽量争取一次划成,以避免重复划线对清晰度及精确度造成影响。

(4)在不使用划针的时候,必须使用塑料管套住针尖,禁止放在口袋中以免发生危险。

4)划规

(1)划规由工具钢制成,尖端经过淬硬后磨锐。划规的作用是将钢直尺上的尺寸移到工件上,等分线段、角度,划圆周、曲线,测量两点间距离等。

(2)划规的使用方法:使用划规时,掌心用力压紧做旋转中心的规脚;拇指与食指夹紧划规,使另一规脚做跟随圆心的旋转移动(图 2-1-7);划线时应注意,划规的两脚所夹角度不宜大于 120°,以免规脚因打滑划伤工件从而影响划线的质量。

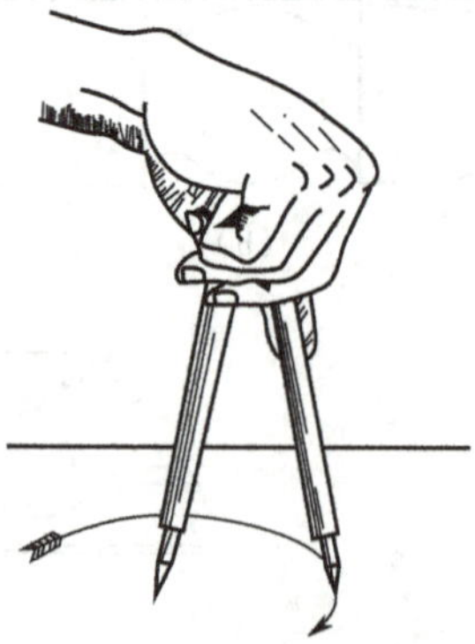

图 2-1-7 划规的握法

(3)常见的划规及其使用方法,如图 2-1-8 所示。

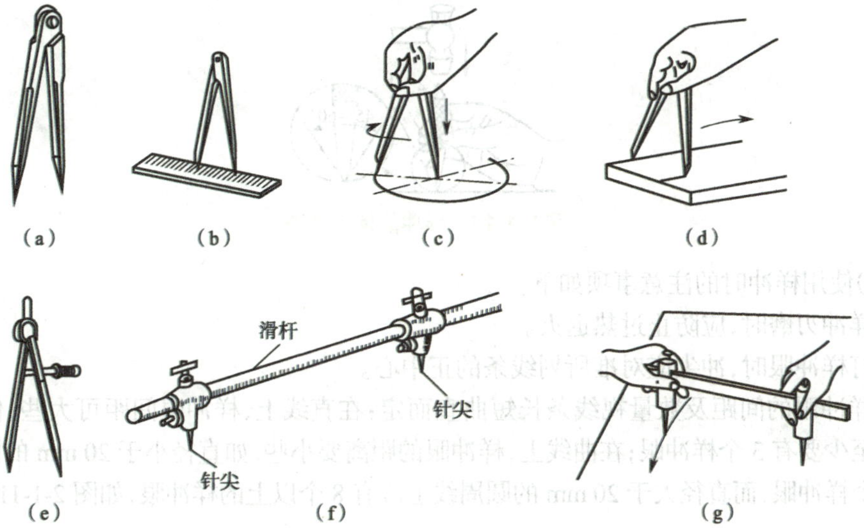

图 2-1-8 划规及其使用方法

(a)普通划规 (b)量取尺寸 (c)普通划规划圆弧 (d)划直线 (e)弹簧划规 (f)滑杆划规 (g)滑杆划规划圆弧

(4)使用划规时的注意事项如下。

①划规两脚要等长,脚尖紧靠且并在一起时,应成为一点。

②两脚开合松紧要适当,以免划线时自动张缩。

③针尖要锐利,保证划出的线条清楚,避免滑位。

④在钢直尺上测量尺寸时,必须量准,要反复检查,以减少误差;划圆时,应使压力加在旋转中心的那个规脚上。

5)样冲

(1)样冲是在划好的线上冲眼用的工具,通常由工具钢制成,尖端磨成 45°~60° 角(当用于钻孔定位时,尖角取大值),并经过热处理,硬度可达 55~60 HRC,如图 2-1-9 所示。样冲的作用是为了避免划出的线条被擦掉,划线后要用样冲在线条上打出适当的样冲眼,作加强界线标记和作划圆弧或圆时的定位中心。

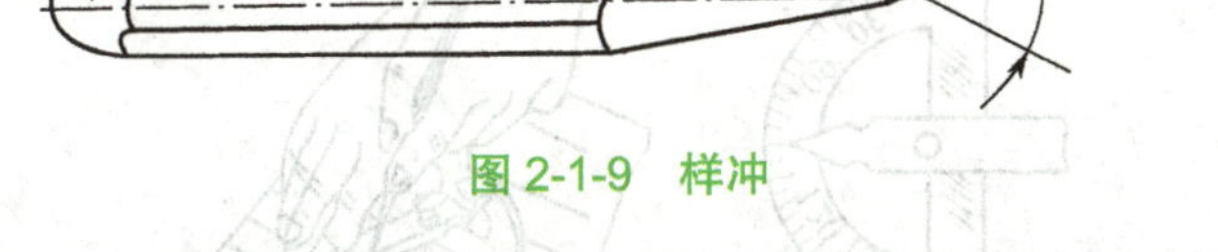

图 2-1-9 样冲

(2)样冲的使用方法(图 2-1-10):在敲击样冲时,先将样冲外倾至 1 处,以使冲尖对准所划线的中心;然后将样冲立直至 2 处,轻轻地敲打出一个印痕;检查无误后再较重地敲打样冲,以冲出深浅适当的印痕。

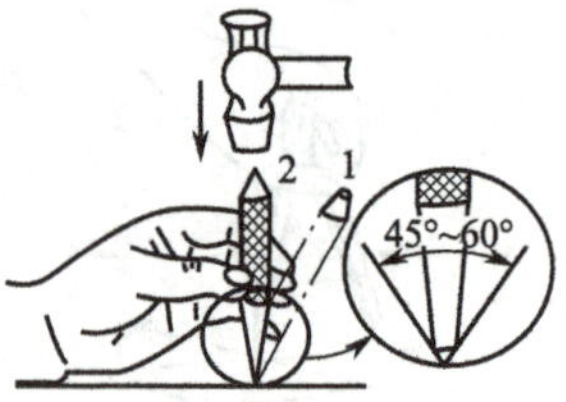

图 2-1-10 样冲的使用方法

（3）使用样冲时的注意事项如下。

①样冲刃磨时，应防止过热退火。

②打样冲眼时，冲尖应对准所划线条的正中心。

③样冲眼的间距及数量视线条长短曲直而定：在直线上，样冲眼间距可大些，但在短直线上也至少要有 3 个样冲眼；在曲线上，样冲眼的距离要小些，如直径小于 20 mm 的圆周线上应有 4 个样冲眼，而直径大于 20 mm 的圆周线上应有 8 个以上的样冲眼，如图 2-1-11 所示。

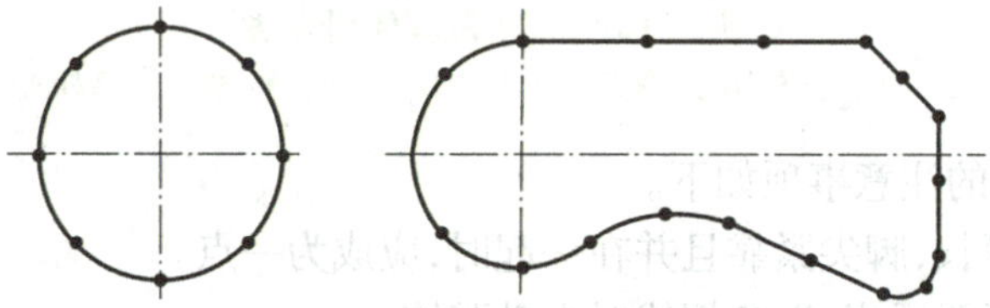

图 2-1-11 样冲眼的分布要求

④线条的相交处和拐角处必须打上样冲眼。

⑤样冲眼的深浅视工件的表面粗糙程度而定，表面光滑或薄壁工件上的样冲眼要打得浅些，粗糙表面上的样冲眼打得深些，精加工表面禁止打样冲眼。

6）其他量具

在平面划线时，也会使用很多其他常用的量具，这些量具主要用于量取尺寸或角度，以检查所划线条的准确性。这些常用量具有角度尺、高度游标卡尺、直角尺等。

Ⅰ. 角度尺

角度尺是根据游标卡尺原理设计而成的，用于测量工件内外角的角度，如图 2-1-12 所示。

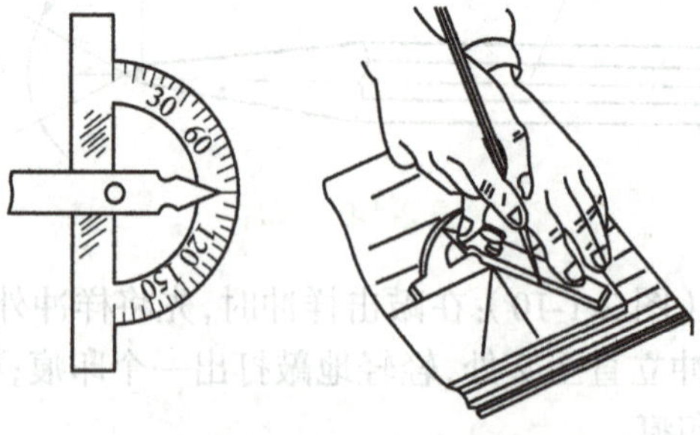

图 2-1-12 角度尺及其使用方法

Ⅱ. 高度游标卡尺

高度游标卡尺前端装有硬质合金材质的划线脚，如图 2-1-13 所示。高度游标卡尺用于测量工件的高度尺寸、相对位置，以及成品、半成品的精密划线，但一般不允许用于毛坯件的划线。读数方法与游标卡尺类似，精度为 0.02 mm。

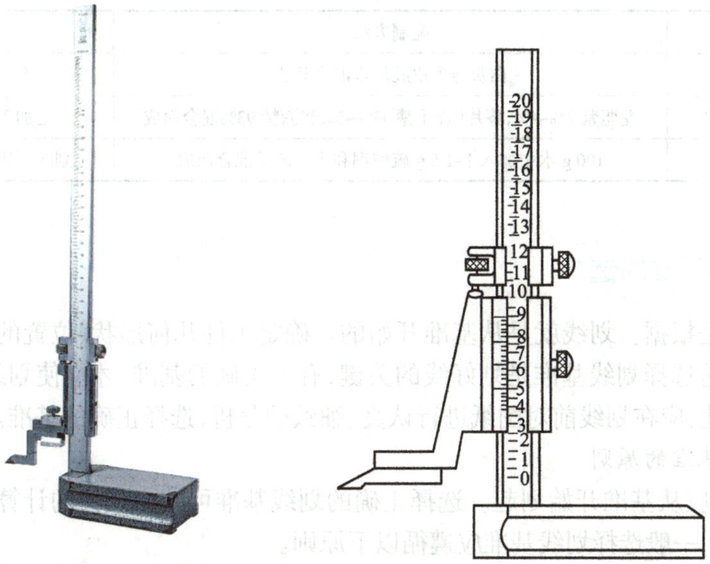

图 2-1-13　高度游标卡尺

Ⅲ. 直角尺

直角尺在划线时用作划垂直线或水平线的导向工具，也可用来找正工件表面在划线平板上的垂直位置；在立体划线中，可用来找正工件某一平面与划线平板的垂直度，如图 2-1-14 所示。

图 2-1-14　直角尺及其使用方法

2. 划线前的准备及涂料选择

1）工件的修整

划线时，应先检查工件的形状和尺寸是否符合图样要求，再选择正确的划线工具。然后对工件表面的氧化层、毛边、毛刺、污垢等进行清理；对于有孔的工件，可在毛坯孔中填塞木块或铅块，以便用划规划圆。

2）划线涂料

应根据工件的情况，选择适当的涂料，并在工件上需要划线的部位均匀地涂色，见表

2-1-1。

表 2-1-1 涂料使用

涂料名称	配制方法	适用场合
白灰水	白灰与牛皮胶加水混合熬成	铸、锻件毛坯表面
甲紫(龙胆紫)	龙胆紫 2%~4%,漆片(洋干漆)3%~5%和酒精 93%混合而成	已加工表面划线时使用
硫酸铜溶液	100 g 水中加入 1~1.5 g 硫酸铜和少许硫酸混合而成	划线后还应加工的加工表面

3. 划线基准的选择

基准就是根据。划线就是从基准开始的。确定工件几何形状、位置的线或面叫作划线基准。正确地选择划线基准是划好线的关键,有了正确的基准,才能使划线准确、方便和提高效率。因此,应在划线前对图纸进行认真、细致的分析,选择正确的基准。

1)选定基准的原则

划线时,应从基准开始划起。选择正确的划线基准可减少尺寸的计算量、提高效率、保证加工质量。一般选择划线基准应遵循以下原则。

(1)根据图纸尺寸标注:在零件图上,总有一个或几个设计基准用来标注起始尺寸;划线时,划线基准应与设计基准一致,并且划线时必须先从基准线开始。

(2)根据毛坯形状:如果毛坯上有孔、凸起部或鼓面时,就应以孔、凸起部或鼓面的中心作为基准。

(3)根据工件加工情况:如果毛坯上只有一个表面是已加工表面,就以这个面作为基准;如果所有表面都是毛坯表面,就以较平整的大平面作为基准。

以下是常用的几种基准的选择方法。

(1)以两个互成直角的外平面(或线)为基准。划线前,先把这两个外表面加工平,使其互成 90° 角,然后其他尺寸都以这两个平面作为基准,划出加工线。

(2)以两条中心线为基准。划线前,首先找出工件上相对的两个位置,划出两条中心线,然后根据中心线划出其他加工线。

(3)以一个外平面和一条中心线为基准。划线前,先将底平面加工平,然后划出中心线,再划出其他加工线。

2)划线步骤

划线时,必须采取正确的、有效的方法,才能保证所划线的质量,提高工作效率。

(1)在划线前,应仔细研究图纸及待划线工件,选定划线基准并考虑每道工序的顺序与要求,确定加工余量和需要划出的线。

(2)划线前,将工件清理干净,检查毛坯尺寸是否合格,确定是否需要借料。

(3)若工件需要夹持,则应将其夹持稳固。划线时,先划水平线,再划垂直线、斜线、圆、圆弧和曲线等。

(4)划线后应再对照图纸及工件,检查划线的正确性以及是否存在遗漏。

（5）检查无误后，根据使用样冲的注意事项，在划好线上的所需位置打出样冲眼。

4. 简单的几何划线方法

1）直线划法

先在工件表面需要划线处划出直线的两端点，后用钢直尺及划针连接两点。

2）平行线划法

（1）几何划法：在划好的直线上取 A、B 两点，以 A、B 为圆心，用同样的半径 R 划出两圆弧 $\overset{\frown}{CD}$ 和 $\overset{\frown}{EF}$ 的切线，即得平行线，如图 2-1-15 所示。

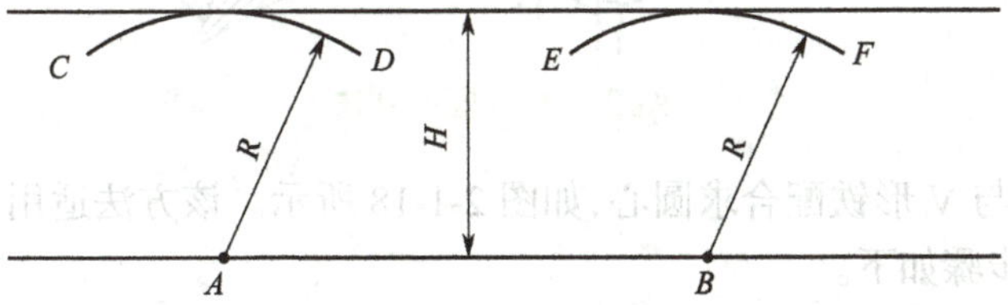

图 2-1-15　平行线划法

（2）直角尺划线法：先用钢直尺和划针，划好需要的距离，再使直角尺的尺座紧靠垂直面，尺面一边对正划好的距离，用划针划出平行线。

3）垂直线划法

（1）划垂直平分线时，以直线两端点 A 和 B 为圆心，用任意长为半径（要大于 AB 距离的一半）分别划弧，得交点 C 和 D；连接 C、D 两点，就得 AB 的垂直平分线，如图 2-1-16（a）所示。

（2）从线内一点作垂直线时，以线上已知 O 点为圆心，用任意长为半径，划两个短弧，交在直线上，得 A、B 两点；再以 A 和 B 为圆心，用任意长为半径（大于 AB 距离的一半）划弧，得交点 C；连接 OC，就是要划的垂直线，如图 2-1-16（b）所示。

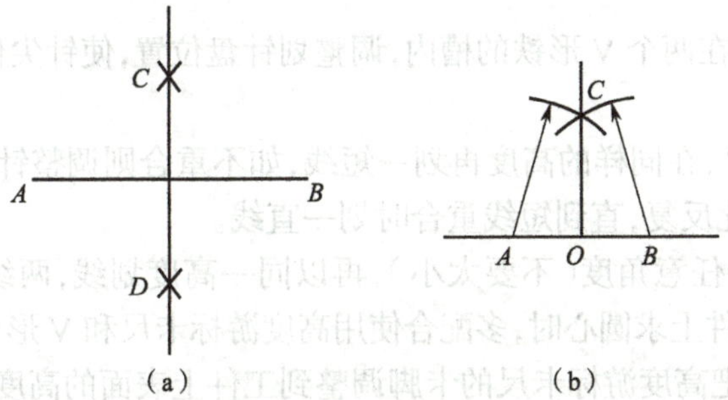

图 2-1-16　垂直线划法

（a）垂直线划法 1　（b）垂直线划法 2

4）圆心划法

（1）用划规或定心卡求圆心（用于表面粗糙的毛坯工件），把划规或定心卡张开，约等于半径，以圆周上任意 4 点为圆心，在端面上划 4 条圆弧；再以四个交叉点画出中间的交叉点；线中间的交点就是所求圆心；求出圆心后再划圆进行复查，如图 2-1-17 所示。

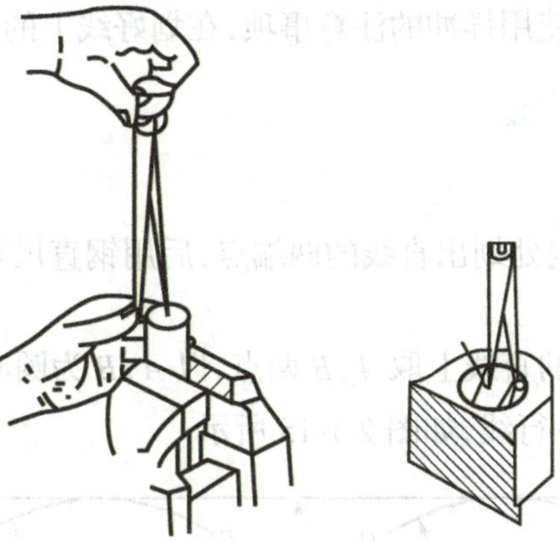

图 2-1-17 圆心划法

(2)用划针盘与V形铁配合求圆心,如图2-1-18所示。该方法适用于对已加工的圆柱形工件划线,具体步骤如下。

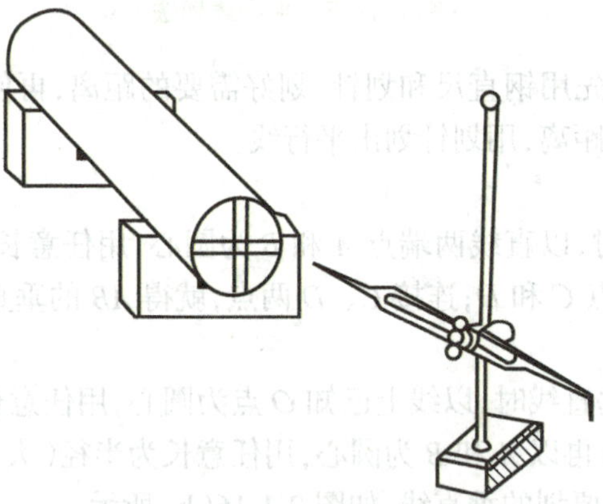

图 2-1-18 圆柱形工件圆心划法

①将圆柱形工件放在两个V形铁的槽内,调整划针盘位置,使针尖位于接近工件中心的高度,划一短线。

②将工件旋转180°,在同样的高度再划一短线,如不重合则调整针尖高度,并在两条短线中间高度处划线,如此反复,直到短线重合时划一直线。

③将工件翻转一个任意角度(不要太小),再以同一高度划线,两线交点就是圆心。在精度比较高的圆柱形工件上求圆心时,多配合使用高度游标卡尺和V形铁,方法是:将工件放在两个V形铁的槽内,把高度游标卡尺的卡脚调整到工件上表面的高度,然后按工件的半径下调高度,划一直线;再翻转一个任意角度,到同一高度划线,两条线的交点就是所求的圆心。

④在有孔的零件上找圆心时,采用填料法。对于小孔,通常会在孔中填一木板,木板中有一铁片;而对于大孔,可使用伸缩螺钉在毛坯的铸孔或工件孔内找圆心,如图2-1-19所示。

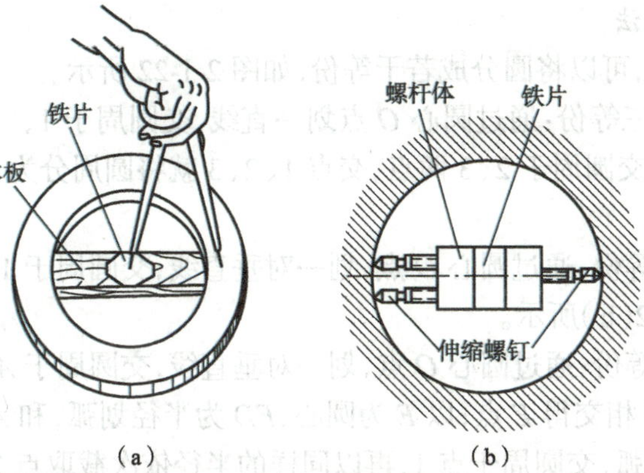

图 2-1-19　孔的填料法

(a)小孔　(b)大孔

5)圆弧连接的划法

Ⅰ.圆弧与角边相切划法

圆弧与锐角、直角、钝角相切时,可按平行线的划法,以圆弧半径为距离,划角边的平行线,两平行线的交点就是圆心;然后用划规定好半径,再划出圆弧,如图 2-1-20 所示。

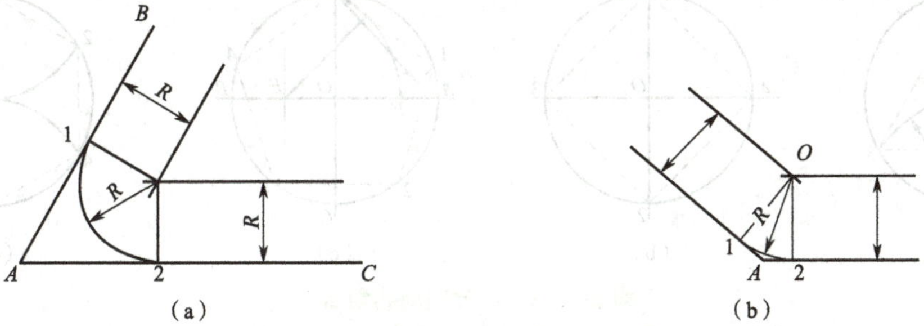

图 2-1-20　圆弧与角边相切划法

(a)圆弧与锐角边相切　(b)圆弧与钝角边相切

Ⅱ.圆弧相切划法

划圆弧相切时,先把相切的圆弧半径相加,求出圆心;然后用半径划圆弧,两圆弧即可相切,如图 2-1-21 所示。

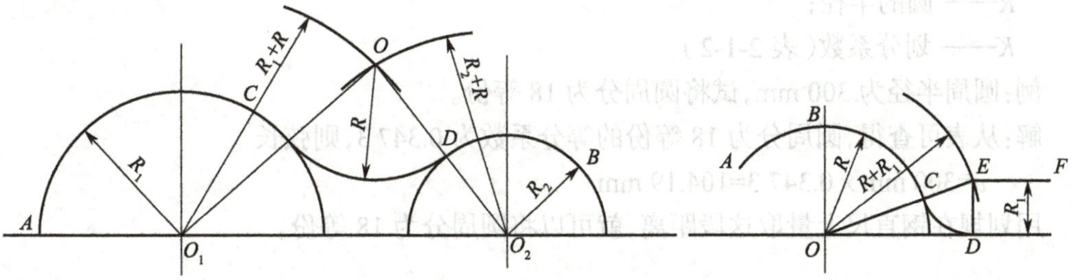

图 2-1-21　圆弧相切划法

6）等分圆周的划法

根据几何作图法，可以将圆分成若干等份，如图 2-1-22 所示。

（1）将圆周分为三等份：通过圆心 O 点划一直线，交圆周于 1、1′ 两点；以交点 1′ 为圆心，用圆的半径划弧，交圆周于 2、3 两点，交点 1、2、3 就将圆周分为三等份，如图 2-1-22（a）所示。

（2）分圆周为四等份：通过圆心 O 点，划一对垂直线，交圆周于 1、2、3、4 四点，圆周将分为四等份，如图 2-1-22（b）所示。

（3）分圆周为五等份：通过圆心 O 点，划一对垂直线，交圆周于 A、B、C、D 四点；作 OB 的垂直平分线，和 OB 相交得 E 点；以 E 为圆心、ED 为半径划弧，和 AO 相交于 F 点；再以 D 为圆心、DF 为半径划弧，交圆周于点 1，再以同样的半径依次截取点 2、3、4，即把圆周分为五等份，如图 2-1-22（c）所示。

（4）分圆周为六等份：通过圆心 O 点，划一直线，交圆周于 1、6 点，分别以点 1 和 6 为圆心，用圆半径划弧，和圆周相交于 2、3、4、5 四点，点 1、2、3、4、5、6 即把圆周分为六等份，如图 2-1-22（d）所示。

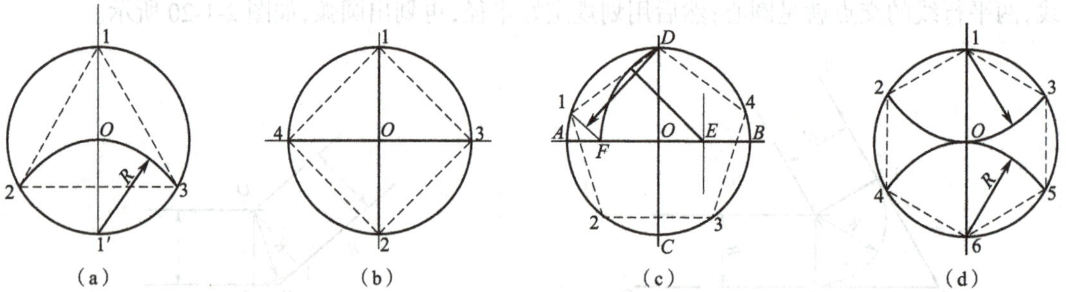

图 2-1-22 等分圆周的划法

（a）三等分 （b）四等分 （c）五等分 （d）六等分

此外，等分圆周时，也可以通过查表和计算求出弦长，所求弦长就是圆周各等分点之间的直线距离。求弦长的公式为

$$a=RK$$

式中 a—— 弦长；

R—— 圆的半径；

K—— 划分系数（表 2-1-2）。

例：圆周半径为 300 mm，试将圆周分为 18 等份。

解：从表可查得，圆周分为 18 等份的等分系数为 0.347 3，则弦长

$$a=300\ \text{mm}\times 0.347\,3=104.19\ \text{mm}$$

用划规在钢直尺上量取这段距离，就可以将圆周分为 18 等份。

表 2-1-2　等分圆周的划分系数

等分数	K	等分数	K	等分数	K
3	1.732 1	16	0.390 2	29	0.216 2
4	1.414 2	17	0.367 6	30	0.209 1
5	1.175 6	18	0.347 3	31	0.202 3
6	1.000 0	19	0.329 2	32	0.196 1
7	0.867 8	20	0.312 9	33	0.190 1
8	0.765 4	21	0.298 0	34	0.184 6
9	0.684 0	22	0.284 5	35	0.179 3
10	0.618 0	23	0.272 3	36	0.174 3
11	0.563 5	24	0.261 1	37	0.169 7
12	0.517 6	25	0.250 7	38	0.165 2
13	0.478 6	26	0.241 1	39	0.160 9
14	0.445 0	27	0.232 1	40	0.156 9
15	0.415 8	28	0.224 0		

5. 利用分度头划线

1）分度头

分度头主要用于机械加工，可将装在主轴上的工件分成任意等份或者旋转任意度数，以便进行划线，如图 2-1-23 所示。

划线时，在分度头主轴上装上三爪卡盘，将工件夹持住，即可进行分度和划线。分度头可划的线有水平线、垂直线、倾斜线、等分线和不等分线等。

分度头的规格是以顶尖（主轴）中心线到底面的高度（mm）表示的，一般常用规格有 100 mm、125 mm、160 mm 等。

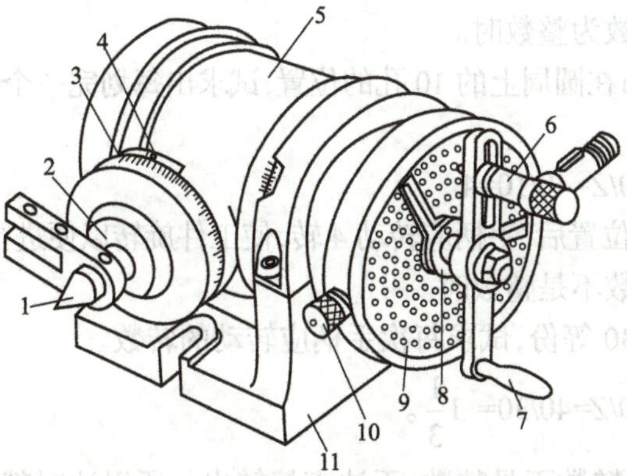

图 2-1-23　FW125 型万能分度头

1—顶尖；2—主轴；3—刻度盘；4—游标；5—鼓形壳体；6—手柄插销；
7—手柄；8—分度叉；9—分度盘；10—锁紧螺钉；11—底座

2)分度头分度原理

图 2-1-24 所示为分度头转动图。蜗轮 2 有 40 齿,3 是单头蜗杆,B_1、B_2 是齿数相等的齿轮。工件装在装有蜗轮的主轴 I 杆上,所以当拔出手柄插销 9,转动手柄 8 时,蜗杆跟着转动,蜗杆转 1/40 转,工件同时转 1/40 转。分度盘 6 与套筒 5 和伞齿轮 A_2 相连,以动配合套在芯轴 4 上。分度盘上有几圈不同数目的小孔,就是利用这些小孔,根据计算方法算出工件在每分完一个度数后,手柄 8 所需要转过的转数和孔数,如图 2-1-24 所示。

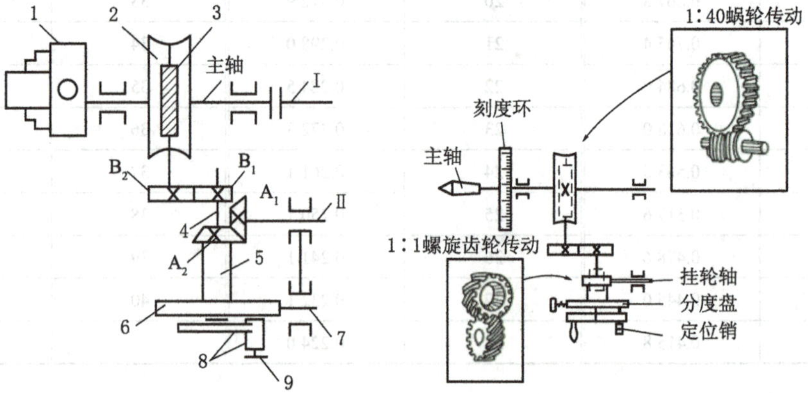

图 2-1-24 分度头传动图

1—卡盘;2—蜗轮;3—单头蜗杆;4、7—芯轴;5—套筒;6—分度盘;
8—手柄;9—手柄插销

3)简单分度法

在用分度盘进行分度时,分度盘固定不动,转动连接芯轴 4 的手柄 8,经过蜗杆蜗轮传动进行分度。所需转数的计算公式如下:

$$n=40/Z$$

式中 n——手柄应转过的转数;

Z——工件的等分数。

以下是常见的两种手柄转数情况。

(1)当所需手柄转数为整数时。

例:要划出均匀分布在圆周上的 10 孔的位置,试求出每划完一个孔的位置后,手柄应转动的转数。

解:根据公式:$n=40/Z=40/10=4$。

即每划完一个孔的位置后,手柄应转动 4 转,使工件旋转以便进行划线,以此类推。

(2)当所需手柄转数不是整数时。

例:将一圆周分成 30 等份,试求每次手柄应转动的转数。

解:根据公式:$n=40/Z=40/30=1\frac{1}{3}$。

由于这次所需转的转数不是整数,无法直接转出。所以这时就需要根据分度盘上现有的孔眼数目进行划线。将整数部分保留不动,分数部分的分子、分母同时扩大相应的倍数,使扩大后的分母数能在分度盘上找到，则此时的分子数就是手柄应转的孔数。分度盘的孔数见表 2-1-3。

表 2-1-3　分度盘的孔数

分度头形式	分度盘孔数
带一块分度盘	正面：24、25、28、30、34、37、38、39、41、42、43 反面：46、47、49、51、53、54、57、58、59、62、66
带两块分度盘	第一块正面：24、25、28、30、34、37 第一块反面：38、39、41、42、43 第二块正面：46、47、49、51、53、54 第二块反面：57、58、59、62、66

因此，现将“1/3”的分子、分母同时扩大 10 倍，即 1/3 × 10/10=10/30。这时就可在分度盘上找到与分母（30）相同的孔数，将手柄在分度盘上有 30 个孔的孔圈上转过 1 圈后，再转分子对齐的孔数（10）即可。

4）*角度分度法*

角度分度是简单分度的另一种形式，根据工件所需分度的角度或者所需要旋转的角度来进行。若分度头的分度定数为 40，则分度手柄转 40 圈，主轴转 360°；则手柄每转 1 圈，主轴只转 9°。转数的计算公式为

$$N=\theta/9^\circ$$

式中　N——分度手柄转数；

θ——工件所需角度。

例：主轴需要旋转 5°，计算分度手柄所需的转数。

解：根据公式：$N=\theta/9^\circ=5^\circ/9^\circ=30/54$。

即应在分度盘上有 54 个孔的孔圈上旋转 30 个孔距，即可得到所需的旋转 5°。

5）*分度盘使用注意事项*

（1）当对分度精度要求较低时，可根据分度盘上的游标和刻度盘上的刻度直接读数，转动手柄进行分度。

（2）使用分度头前，应先松开分度头的主轴紧固手柄；分度完毕后，要紧固主轴，以防止主轴在划线过程中松动产生误差。

（3）转动手柄前，要调整好分度叉，转动手柄时不宜过快，以防止摇过应摇的孔数。如果摇过了，那么必须把手柄多退回一些再摇正，以消除传动和配合间隙所引起的误差。

☑ 任务步骤

（1）阅读图样，要使划线不出差错。在划线前，首先要消化图纸，分析零件的作用以及和其他配合件的关系，分析零件的加工程序和加工方法，了解划线与其他工序的关系，从而确定需要加工的余量和在工件表面上需要划出的线。此外，还要熟练地使用各种划线工具，采取正确的划线方法。划线时要认真细致，划完线后必须认真检查，避免产生废品。由于划出的线是有一定宽度的，而且在使用划线工具和测量工具时很难避免产生误差，所以划出的

线不可能绝对精准,一般所划线的精度为0.25~0.5 mm。通常我们不能依靠划出的线直接确定工件或毛坯所需要达到的实际尺寸。在加工过程中,必须时刻通过测量来保证正确的尺寸。

(2)清理工件。在划线以前,先要将毛坯件上的氧化皮、飞边、残砂、污垢,以及已加工工件上的毛刺、铁屑等清理干净,否则将影响划线的清晰度和损伤划线工具。

(3)涂色。用金属墨水涂色。

(4)选定划线基准。将工件图纸所示的基准作为划线基准。

(5)正确选用工具和安放工件。将工件底面朝上放置在划线平板上,一侧面与方箱工作面贴合。

(6)划线。从划线基准开始,按照图样标注的尺寸完成划线。

(7)打样冲眼。完成工件划线后,做一次仔细的复检校对工作,以避免差错,然后再打样冲眼。

☑ 任务评价

任务名称					
班级			学号		
姓名			日期		
序号	考核项目	配分	评分标准	实测记录	得分
1	涂色均匀	10	符合标准得 10 分,错一次扣 1 分		
2	线条清晰	10	符合标准得 10 分,错一次扣 1 分		
3	划线位置正确	20	全部满足要求得 20 分,错一处扣 1 分		
4	划线工具正确	20	符合标准得 20 分,错一次扣 1 分		
5	姿势正确	10	符合标准得 10 分,错一次扣 1 分		
6	样冲眼位置分布合理	10	符合标准得 10 分,错一次扣 1 分		
7	工时(20 min)	10	未超时得 10 分,超时不得分		
8	安全与文明生产	10	满足要求得 10 分,出现问题不得分		
总计得分					
学生任务总结:					
教师点评:					

子任务 1.2 立体划线

☑ 任务内容

在图 2-1-25 所示轴承座图纸上完成工件划线。

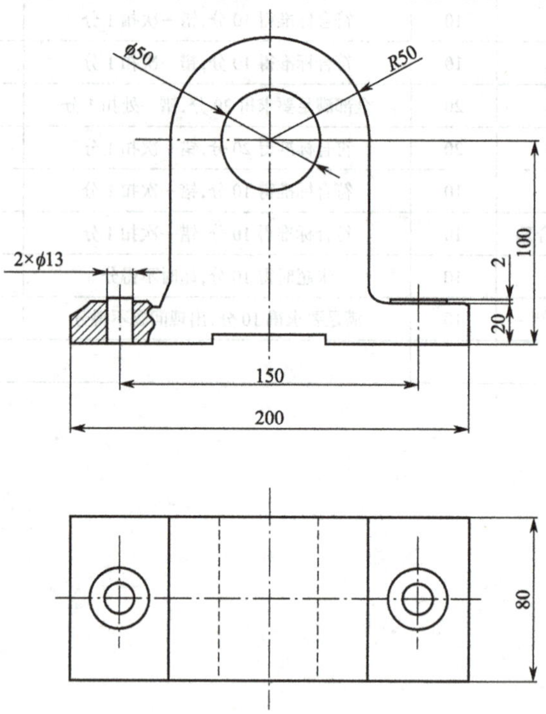

图 2-1-25 轴承座(mm)

☑ 任务目标

(1)轴承座需要加工的部位有底面、轴承座内孔、两个螺钉孔及其上平面、两个大端面。需要划线的尺寸涉及三个方向,工件需要安装三次才能完成全部划线。

(2)轴承座毛坯上已铸有 φ50 mm 的毛坯孔,需要先安装塞块,为划线做好准备。

(3)划线基准选择轴承座内孔上两个相互垂直的中心平面以及两个螺孔中心平面。

(4)划线过程中,当第二、第三划线基准位置转换时,在已划好的基准线与划线平板垂直后,才能进行划线。

(5)可采用一人一件或两人一件的方式练习,也可以根据教学的实际情况自行选择实训工件。

☑ 任务准备

(1)材料准备:轴承座一个。

(2)工具准备:千斤顶、划线平板、划规、样冲、手锤等。

(3)量具准备:钢直尺、高度游标卡尺、直角尺等。

(4)辅助工具:金属墨水、棉纱等。

☑ 知识链接

1. 立体划线工具

立体划线所用到的工具有划线盘、高度游标卡尺、方箱、千斤顶、V 形铁、角铁等。

1)划线盘

划线盘(图 2-1-26)是用来在工件上划与基准面平行的直线和平行线的工具。普通划线盘由底座、立柱、划针和蝶形螺母(锁紧装置)等组成。划针一端为针尖状,供划线使用;另一端有弯钩,用来检查平面是否平整等。

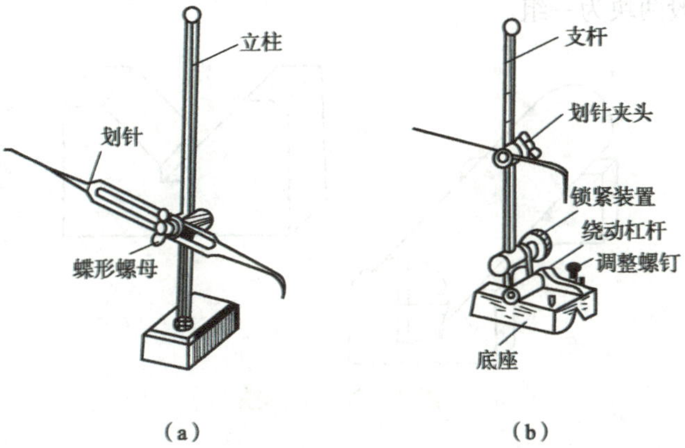

图 2-1-26　划线盘

(a)普通划线盘　(b)可调划线盘

使用划线盘的注意事项如下。

(1)划线时,划针伸出锁紧装置不宜太长并要夹紧、牢固,防止松动且应尽量接近水平位置夹紧划针。

(2)划线盘底座与划线平板的接触面应保持清洁,划线时紧贴划线平板,不能摆动、跳动。

(3)划线时,划针与工件划线表面的划线方向保持 40°~60° 的夹角。

2)方箱

方箱是用铸铁制成的空心立方体,其六个面都经过精加工,相邻的各面相互垂直,一般用来夹持、支承尺寸较小而加工面较多的工件。通过翻转方箱,可在工件的表面上划出相互垂直的线条。此外,方箱上还有放置圆柱形工件的 V 形槽和夹紧装置。

3)千斤顶

千斤顶(图 2-1-27)是在平板上支承工件划线用的工具,它的高度可以调整,常用于较大或不规则工件的划线找正,通常三个为一组。有时千斤顶会和 V 形铁配合使用,便于定位和调整。

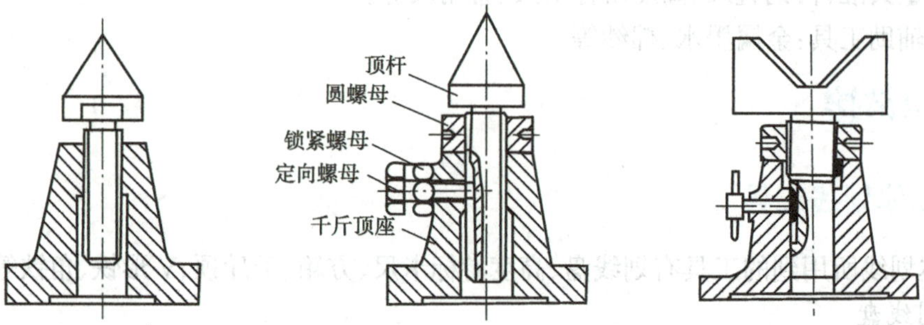

图 2-1-27 千斤顶

4)V 形铁

V 形铁(图 2-1-28)用于支承圆柱形工件,使工件轴心线与划线平板平行,以划出中线或找出中心等,一般两块为一组。

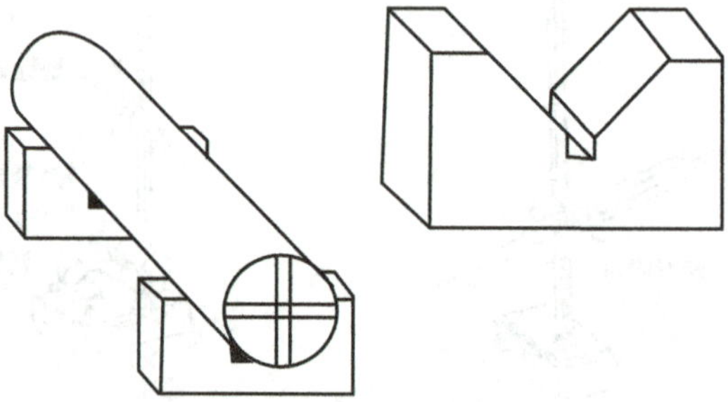

图 2-1-28 V 形铁

5)角铁

角铁也称直角铁(图 2-1-29),由两个经过精加工的相互垂直平面组成,其上的孔或槽用于配合压板螺钉固定工件。

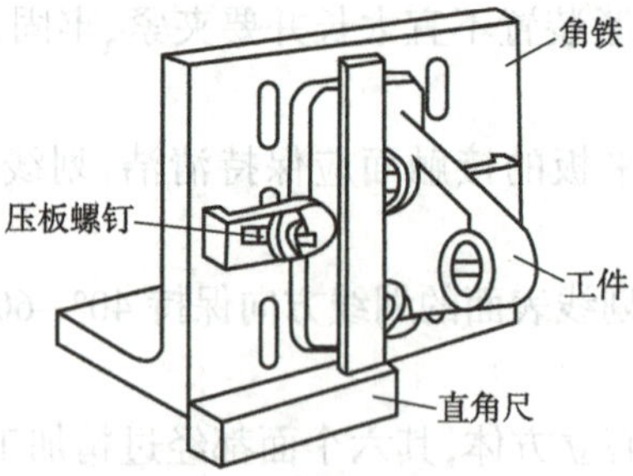

图 2-1-29 角铁

6)找正和借料

各种铸、锻件由于某些原因,会形成形状歪料、偏心、各部分壁厚不均匀等缺陷,造成形位误差。当形位误差不大时,可通过找正和借料的方法来补救。

Ⅰ.找正

找正就是利用划线工具使工件或毛坯上的有关表面调整到与基准面合适的位置。

例:平面 A 与底面不平行,平面 A 不需加工,而底面需加工,则此时应选择平面 A 作为找正基准,划出加工界线,从而使这两个平面处于最适合的位置。

对于毛坯工件,划线前一般都要先做好找正工作。找正就是利用划线工具(如划线盘、直角尺、单脚规等)使工件上有关的毛坯表面处于合适的位置。找正的目的如下。

(1)当毛坯上有不加工表面时,通过找正后再划线,可使加工表面与不加工表面之间保持尺寸均匀。

(2)毛坯上没有不加工表面时,应对各待加工表面自身位置找正后再划线,可使各待加工表面的加工余量得到合理和较均匀的分布,而不致出现尺寸过多或过少的现象。

(3)当工件上有两个以上的不加工表面时,应选择其中面积较大、较重要的或对外观质量要求较高的作为主要找正基准,并兼顾其他较次要的不加工表面,使划线后的加工表面与不加工表面之间的尺寸(如壁厚、凸台的高低等)尽量均匀和符合要求,而把无法弥补的误差反映到较次要的或不显眼的部位。

Ⅱ.借料

借料是一种划线方法。当毛坯存在一定的误差和缺陷,但误差不大,或是只有局部缺陷时,通过试划和调整,使各个加工表面的加工余量合理分配,互相借用,从而保证各个加工表面都有足够的加工余量,而误差和缺陷可以在加工后排除,这样的方法称为借料。

例:图 2-1-30(a)所示为成品尺寸要求,图(b)所示为偏心的轴承架铸架毛坯,该毛坯上 $\phi40$ 孔的中心和外轮廓的中心向下、向左各偏移 6 mm,底面没有加工余量。如果在划线时不进行借料,只根据图纸位置划线,那么就会造成偏移量过大的情况,导致产生废品。所以,必须通过借料来进行补救。方法如下:将 $\phi40$ 孔的中心线向上平移 4 mm,并向左平移 6 mm,如图 2-1-30(b)所示。这样 $\phi60$ 孔的最小余量约为 4 mm,底面的加工余量为 4 mm,而且孔的外轮廓左右对称,这样就能将该毛坯从废品补救成合格品。

借料的步骤如下。

(1)测量工件各部分的尺寸,找出偏移的位置和偏移量的大小。

(2)合理分配各部位的加工余量,然后根据工件的偏移方向和偏移量,确定借料方向和借料大小,划出基准线。

(3)以基准线为依据,划出其余线条。

(4)检查各加工表面的加工余量,如发现有余量不足的现象,应调整借料方向和借料大小,重新划线。

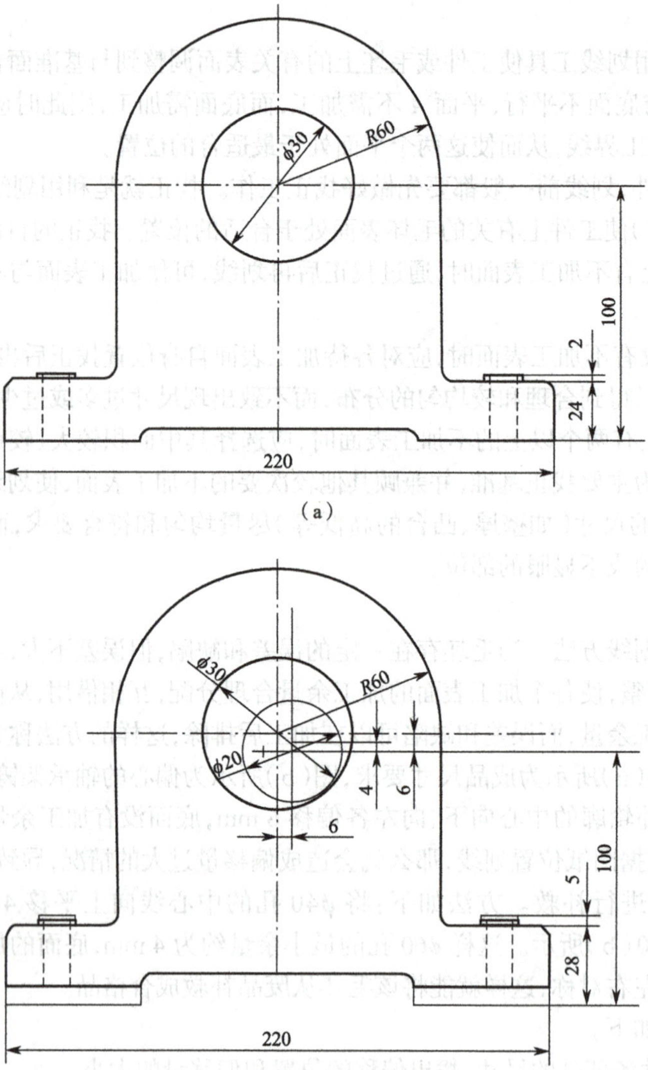

图 2-1-30 轴承座(mm)

(a)成品图 (b)借料图

☑ 任务步骤

(1)准备划线工具,读图并分析工件形体结构、划线部位及加工要求。

(2)清理工件,除去铸件上浇注时留下的冒口、表面粘砂和飞边。

(3)给工件涂色。

(4)第一划线位置。以工件底面为安放基准,用三个千斤顶将工件支承于划线平板上,以工件内孔中心平面为第一划线基准,划底面加工线。划线前将 $R50$ mm 外轮廓作为找正中心的依据,如果内孔与外轮廓偏心过大,应适当借料。

(5)第二划线位置。将工件侧翻 90°,并用千斤顶支承,调整千斤顶使工件内孔两端中心处于同一位置，同时用直角尺按已划出的底面加工线进行找正，使其与平板平面垂直。以工件内孔中心平面为第二划线基准，划出两螺钉孔中心线。

（6）第三划线位置。将工件翻转，用千斤顶支承，调整千斤顶并用直角尺找正，使已划出的工件底面线和基准分别与平板平面垂直。以两个螺钉孔的初定中心为依据，试划两大端面的加工线。当两大端面加工余量相差较多时，可通过调整螺钉孔中心来借料。调整合适后，即可划出第三基准线和两个大端面的加工线。

（7）划出各孔圆弧线后对照图样进行检查，确认无误、无疏漏后，在所划线条上打样冲眼。

☑ 任务评价

任务名称					
班级			学号		
姓名			日期		
序号	考核项目	配分	评分标准	实测记录	得分
1	涂色均匀	10	符合标准得 10 分,错一次扣 1 分		
2	线条清晰	10	符合标准得 10 分,错一次扣 1 分		
3	划线位置正确	20	全部满足得 20 分,错一处扣 1 分		
4	划线工具正确	20	符合标准得 20 分,错一次扣 1 分		
5	姿势正确	10	符合标准得 10 分,错一次扣 1 分		
6	样冲眼位置分布合理	10	符合标准得 10 分,错一次扣 1 分		
7	工时(20 min)	10	未超时得 10 分,超时不得分		
8	安全与文明生产	10	满足要求得 10 分,出现问题不得分		
总计得分					

学生任务总结:

教师点评:

任务 2　锉削加工

用锉刀对工件表面进行切削加工，使工件达到所要求的尺寸、形状和表面粗糙度的操作叫锉削。锉削一般是在錾、锯之后对工件进行的精度较高的加工，锉削精度可以达到 0.01 mm，表面粗糙度 *Ra* 值可达 0.8 μm。

锉削的应用范围很广，可以锉削平面、曲面、外表面、内孔、沟槽以及各种形状复杂的表面，还可以配键、做样板、修整个别零件的几何形状等。锉削是钳工的一项基本操作技能。

☑ 任务内容

在 60 mm × 60 mm × 10 mm 钢板上完成如图 2-2-1 所示样板件的外形锉削加工。

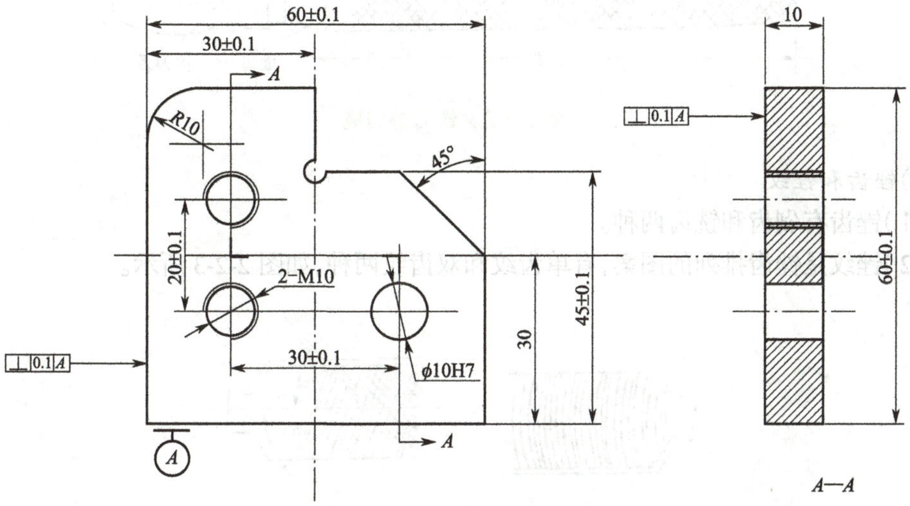

图 2-2-1　样板件(mm)

☑ 任务目标

(1)分析需加工工件的图纸，了解工艺要求。

(2)重点掌握锉削的方法。锉削时双手用力要平衡，操作姿势要正确，动作要协调。

(3)锉削时，要用刀口直尺检查锉削平面的平面度，以防出现加工后平面不平整的情况。

☑ 任务准备

(1)材料准备：60 mm × 60 mm × 10 mm 钢板一块。

(2)工具准备：钳工锉等。

(3)量具准备：刀口直尺、直角尺、游标卡尺等。

☑ 知识链接

1. 锉刀

【扫码查看锉削的基础知识】

1)锉刀的材料

锉刀常由碳素工具钢 T12、T13 制成,并经热处理淬硬,其切削部分硬度达 62~67 HRC。

2)锉刀的组成

锉刀由锉刀面、锉刀边、锉刀尾、锉刀舌、木柄等组成,如图 2-2-2 所示。

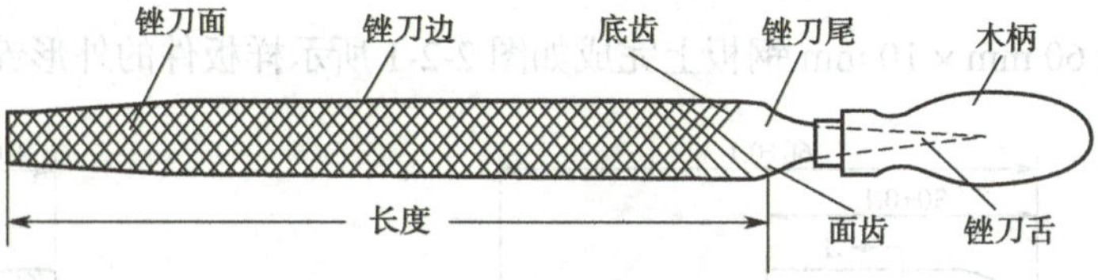

图 2-2-2 锉刀的组成

3)锉齿和锉纹

(1)锉齿有剁齿和铣齿两种。

(2)锉纹是锉齿排列的图案,有单齿纹和双齿纹两种,如图 2-2-3 所示。

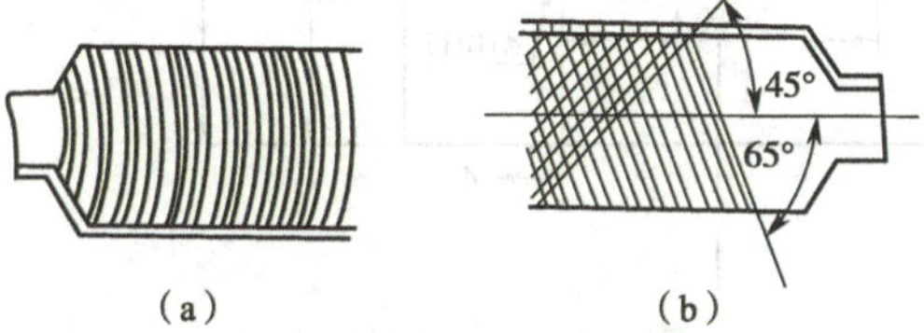

图 2-2-3 锉刀的齿纹

(a)单齿纹 (b)双齿纹

4)锉刀的分类

Ⅰ. 按断面形状分类

(1)平锉,用来锉大、小平面,外圆面,凸弧面等,如图 2-2-4(a)所示。

(2)半圆锉,用来锉平面、内圆面和大圆孔,如图 2-2-4(b)所示。

(3)方锉,用来锉平面、方孔等,如图 2-2-4(c)所示。

(4)三角锉,用来锉平面、方孔及 60° 以上的锐角,如图 2-2-4(d)所示。

(5)圆锉,用来锉内圆弧和圆孔,如图 2-2-4(e)所示。

Ⅱ. 按长度分类

不同的锉刀尺寸规格用不同的参数表示。常用的钳工锉规格有 100 mm(4 寸)、150 mm(6 寸)、200 mm(8 寸)、250 mm(10 寸)、300 mm(12 寸)等。异形锉和整形锉的尺寸规格以锉刀的全长表示。

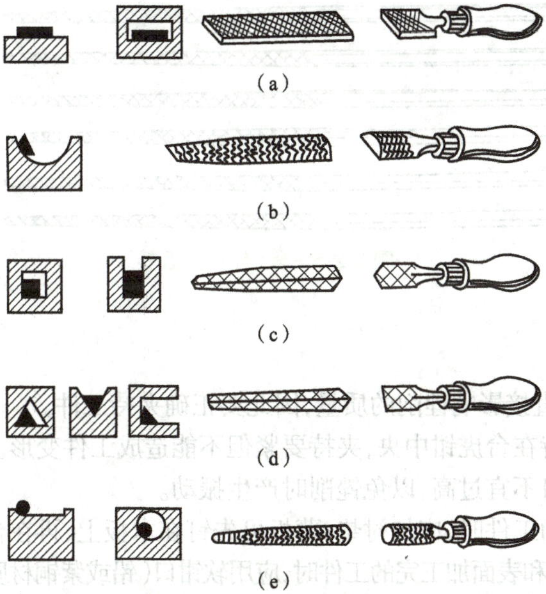

图 2-2-4　锉刀按断面形状分类

(a)平锉　(b)半圆锉　(c)方锉　(d)三角锉　(e)圆锉

Ⅲ. 按齿纹粗细分类

锉齿的粗细规格以锉刀每 10 mm 长度内的锉纹条数表示，共分为 4 种（1~4 号，分别对应粗齿、中齿、细齿和油光锉），锉纹号越小，锉齿越粗。

（1）粗齿锉，用于大余量锉削或锉削软金属。

（2）中齿锉，粗锉后用中齿锉加工。

（3）细齿锉，精加工时用来锉光表面和锉较硬的金属。

（4）油光锉，最后精加工时用来打光表面。

Ⅳ. 按齿纹排列分类

（1）单齿纹锉：齿纹按同一方向排列，锉削宽度大于齿纹长度，因此锉削时费力，切屑易堵塞，适用于锉软金属。

（2）双齿纹锉：齿纹交叉排列，刀刃是间断的，形成许多小齿，能使切屑折断，锉齿不易被堵塞，所以锉削时省力。因此，锉刀多为双齿纹的。

2. 组锉（什锦锉）

组锉主要用于精细工件的加工，如样板、模具等。常用的组锉有 5 支组、6 支组、7 支组、12 支组，如图 2-2-5 所示。

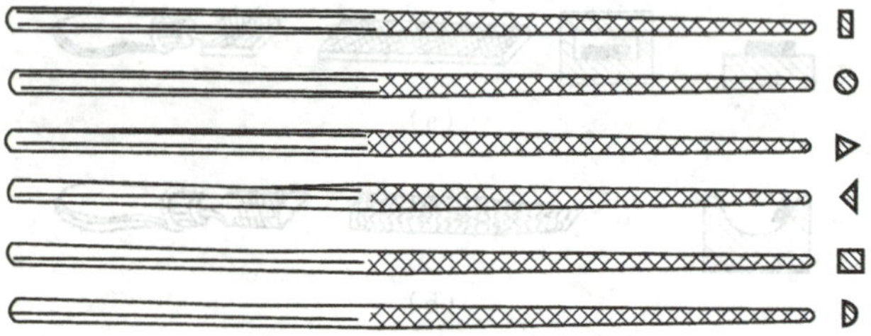

图 2-2-5 组锉(6 支组)

3. 工件的夹持

工件夹持的质量直接影响锉削的质量,因此要正确夹持工件。

(1)工件最好夹持在台虎钳中央,夹持要紧但不能造成工件变形。

(2)工件伸出钳口不宜过高,以免锉削时产生振动。

(3)夹持不规则的工件时,应加衬垫;薄板可先钉在木板上,再在台虎钳上加工。

(4)夹持精密工件和表面加工完的工件时,应用软钳口(铅或紫铜材质)以免夹伤工件表面。

4. 锉削操作的基本方法

1)锉刀的握法

锉刀的握法对锉削时双手力量的控制及锉削时的疲劳程度有很大影响。粗锉时,由于锉削力较大,因此锉削姿势要更利于身体稳定以便推锉时用力;精锉时,由于锉削力较小,因此要更注重锉刀运动的平稳性以便提高锉削表面的质量。

2)锉削的姿势

正确的锉削姿势能减轻疲劳,提高工作效率,保证锉削质量。

在台虎钳上锉削时,右腿伸直,左腿弯曲,身体稍向前倾,重心落在左腿,两手握锉刀放在工件上面,左臂弯曲,右小臂与工件表面始终保持水平,但要自然,如图 2-2-6 所示。锉刀开始前推时,身体一同前进,当锉刀前推约 2/3 时,身体停止前进,两臂将锉刀推到头,锉刀后退时,身体逐渐恢复原位,两手不加压力,将锉刀收回,如此往复做直线运动,如图 2-2-7 所示。

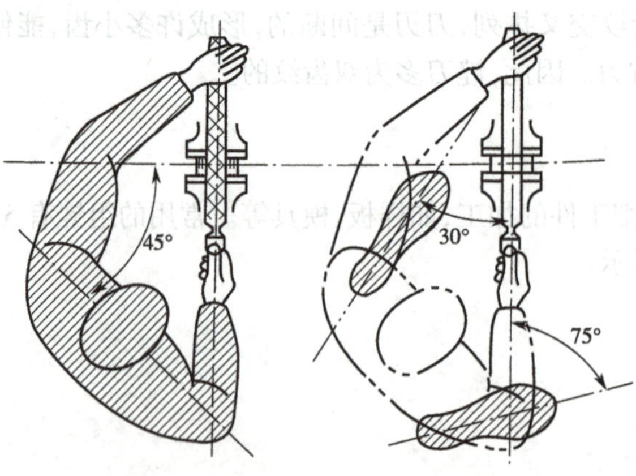

图 2-2-6 锉削时的站立位置

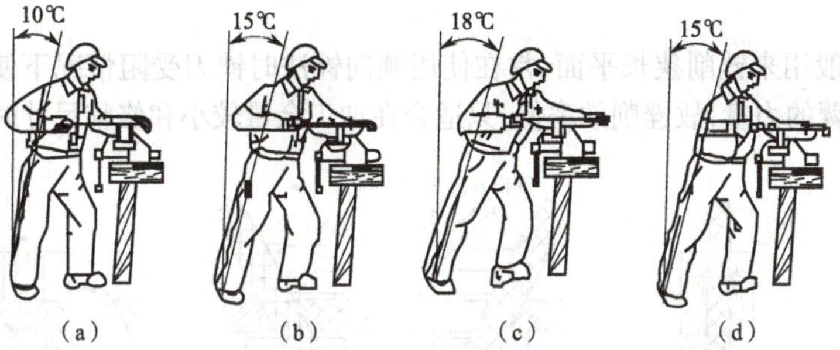

图 2-2-7　锉削动作

(a)开始锉削时　(b)锉刀推到 1/3 行程时　(c)锉刀推到 2/3 行程时　(d)锉刀行程推尽时

3)锉削的动作要领

(1)锉削时,锉刀的平直运动是关键,平直是在锉削过程中靠操作者逐渐调整两手的压力来保证的。

(2)锉削开始时,左手压力大,右手压力小;随着锉刀前推,左手压力逐渐减小,右手压力增大;回程时,不加压力以减少锉齿的磨损,如图 2-2-8 所示。

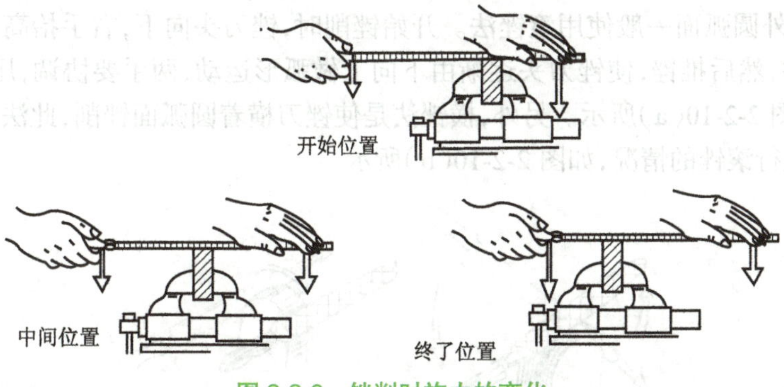

图 2-2-8　锉削时施力的变化

(3)锉削时,锉削速度应根据被加工件的大小、材质等因素而定,一般为每分钟 30~60 次。锉削速度太快,操作者容易疲劳和磨钝锉齿;太慢,切削效率低。

5. 锉削平面

锉削平面是锉削中最基本的操作,采用的方法有顺向锉法、交叉锉法、推锉法三种,如图 2-2-9 所示。

1)顺向锉法

顺向锉法是最普通的锉削方法。锉刀运动方向与工件夹持方向始终一致,锉削加工面积不大的平面和最后锉光都是采用这种方法。顺向锉法可得到正直的锉痕,比较整齐美观。此方法在精锉时常采用。

2)交叉锉法

使用交叉锉法时,锉刀与工件夹持方向约成 35°,且锉痕交叉。使用交叉锉法时,锉刀与工件的接触面积增大,更加容易使锉刀保持平稳。

3)推锉法

推锉法一般用来锉削狭长平面,常在使用顺向锉法时锉刀受阻情况下使用。推锉法不能充分发挥手臂的力量,故锉削效率低,只适合在加工余量较小和修整尺寸时使用。

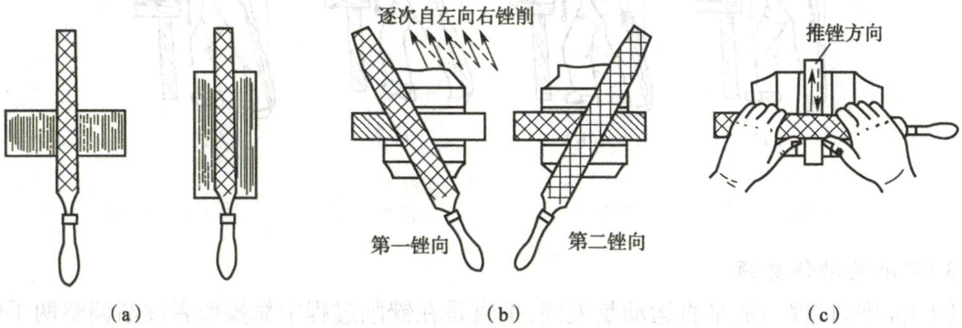

图 2-2-9 锉削平面的三种方法

(a)顺向锉法 (b)交叉锉法 (c)推锉法

6. 锉削圆弧面

(1)锉削外圆弧面一般使用滚锉法。开始锉削时,锉刀头向下,右手抬高,左手压低,锉刀头紧靠工件,然后推锉,使锉刀头逐渐由下向上做弧形运动,两手要协调,压力要均匀,速度要适当,如图 2-2-10(a)所示。另外,横锉法是使锉刀横着圆弧面锉削,此法适用于粗锉外圆弧或不能进行滚锉的情况,如图 2-2-10(b)所示。

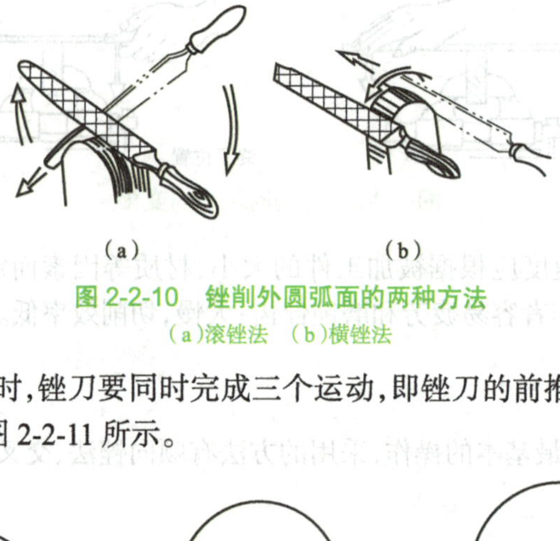

图 2-2-10 锉削外圆弧面的两种方法

(a)滚锉法 (b)横锉法

(2)锉削内圆弧面时,锉刀要同时完成三个运动,即锉刀的前推运动、锉刀的左右移动和锉刀的自身转动,如图 2-2-11 所示。

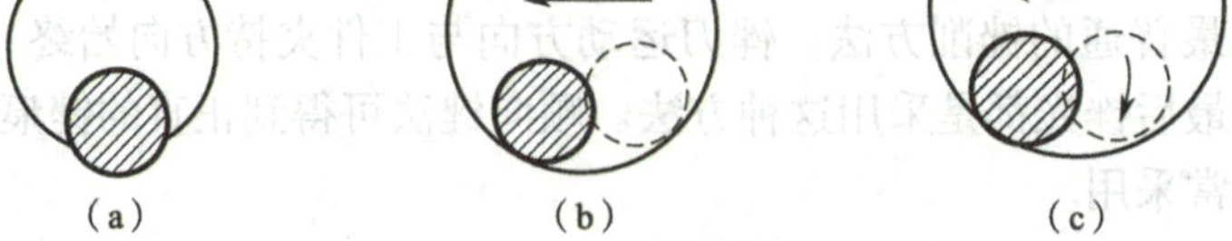

图 2-2-11 锉削内圆弧

(a)锉刀的前推运动 (b)锉刀的左右移动 (c)锉刀的自身转动

7. 锉削通孔

锉削通孔时，应根据通孔的形状、工件材料、加工余量、加工精度和表面粗糙度，选择合适的锉刀，如图 2-2-12 所示。

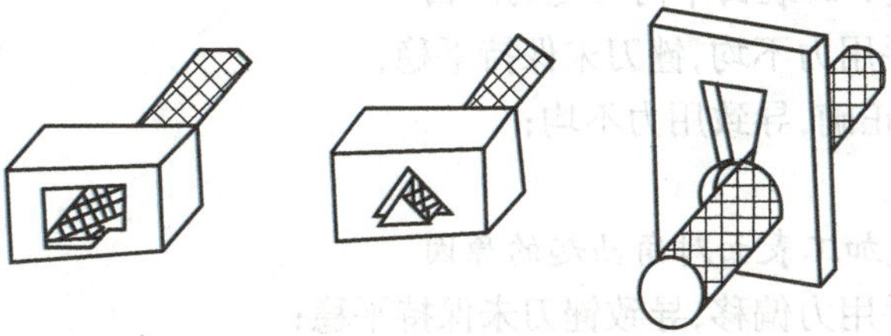

图 2-2-12　锉削通孔

8. 锉削质量检查

1)刀口直尺检查

刀口直尺是用光隙法检测工件表面的直线度和平面度的常用工具，常用的规格有 75 mm、125 mm、175 mm 等。

在使用刀口直尺进行检查时，要先用毛刷清理干净待测工件表面，再将刀口直尺稍倾斜地放在工件表面上进行纵、横和对角检查，根据刀口处光的均匀度，判断工件表面是否平直。

2)直角尺检查

(1)检查平面度：用钢直尺或直角尺以光隙法来检查基准面平面度，如图 2-2-13(a)所示。

(2)检查垂直度：选择基准面用直角尺采用光隙法检查垂直度，然后对其他各面进行检查，如图 2-2-13(b)所示。

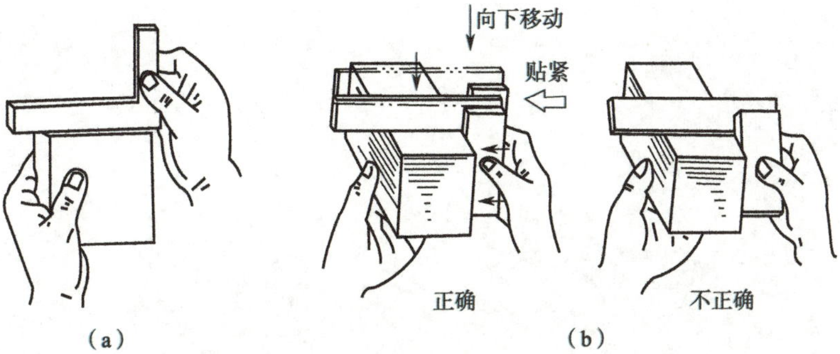

图 2-2-13　用直角尺检查平面度和垂直度

(a)检查平面度　(b)检查垂直度

3)尺寸检查

用卡钳或游标卡尺检查尺寸。检查时，在全长不同的位置上，要多检查几次。

4)表面粗糙度检查

一般用眼睛观察即可;如要求结果精确,可用表面粗糙度样板对照检查。

9. 常见问题原因分析

1)锉削加工造成加工表面中间凸起的原因

(1)锉削时,双手用力不均,锉刀未保持平稳;

(2)锉削姿势不正确,导致用力不均;

(3)锉刀不合格。

2)锉削加工造成加工表面对角凸起的原因

(1)锉削时,双手用力偏移,导致锉刀未保持平稳;

(2)锉刀不合格。

☑ 任务步骤

(1)锉削前,工件的装夹一定要正确,以防影响锉削质量。

(2)锉削时,要时刻注意双手的用力平衡,以免出现锉削表面歪斜或者凸起等情况。在进行精加工的时候,可采用推锉的方法保证精度。

(3)选择最大的平面作为基准面锉平。

(4)先锉大平面,后锉小平面,以大平面控制小平面,能使测量、修整方便。

(5)先锉平行面,后锉垂直面,即在达到规定的平行度要求后,再加工相关面的垂直度。这样一方面便于控制尺寸,另一方面测量平行度比测量垂直度方便,可以在保证垂直度的同时,进行平行度、垂直度误差的测量比较,减少累积误差。

☑ 任务评价

任务名称					
班级			学号		
姓名			日期		
序号	考核项目	配分	评分标准	实测记录	得分
1	锉刀选用	10	全部正确得 10 分,错一次扣 1 分		
2	锉削姿势	10	符合标准得 10 分,错一次扣 1 分		
3	工件平面度	20	全部满足要求得 20 分,错一处扣 1 分		
4	工件垂直度	20	全部满足要求得 20 分,错一处扣 1 分		
5	工件无毛刺	10	全部满足要求得 10 分,错一处扣 1 分		
6	表面粗糙度	10	全部满足要求得 10 分,错一处扣 1 分		
7	工时(60 min)	10	未超时得 10 分,每超时 5 min 扣 1 分		
8	安全与文明生产	10	满足要求得 10 分,出现问题不得分		
总计得分					
学生任务总结:					
教师点评:					

任务 3　锯削加工

☑ 任务内容

在 60 mm × 60 mm × 10 mm 钢板上完成如图 2-3-1 所示样板件的锯削加工。

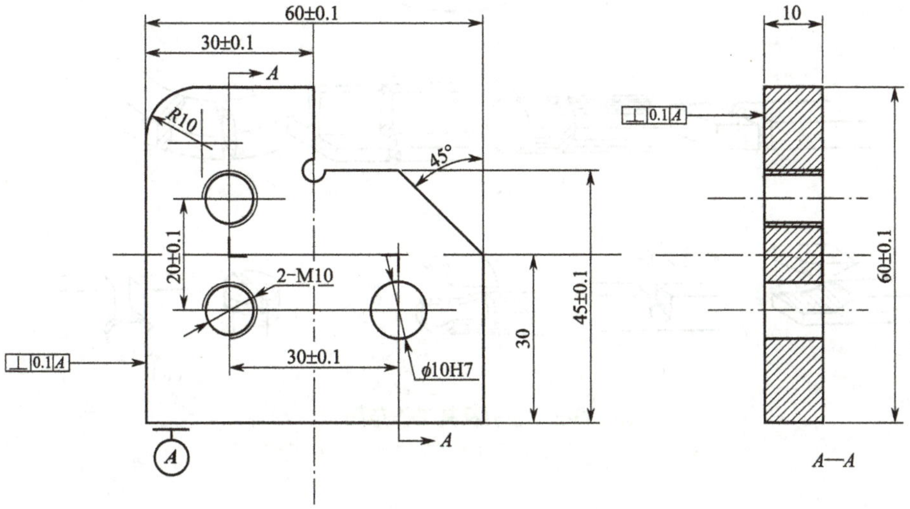

图 2-3-1　样板件(mm)

☑ 任务目标

(1)分析加工图纸,了解加工工艺要求。

(2)重点掌握起锯的方法、全程锯削时的用力(推力和压力)和速度控制,能够对歪斜的锯缝进行及时有效的纠正。

☑ 任务准备

(1)材料准备:60 mm × 60 mm × 10 mm 钢板一块。

(2)工具准备:锯弓、锯条等。

(3)量具准备:游标卡尺等。

☑ 知识链接

用手锯对材料和工件进行切断和锯槽的加工方法称为锯削。

锯削的工作范围:分割各种材料或半成品,如图 2-3-2(a)所示;锯掉工件上多余的部分,如图 2-3-2(b)所示;在工件上开槽,如图 2-3-2(c)所示。

【扫码查看钳工中去掉工件多余部分的操作】

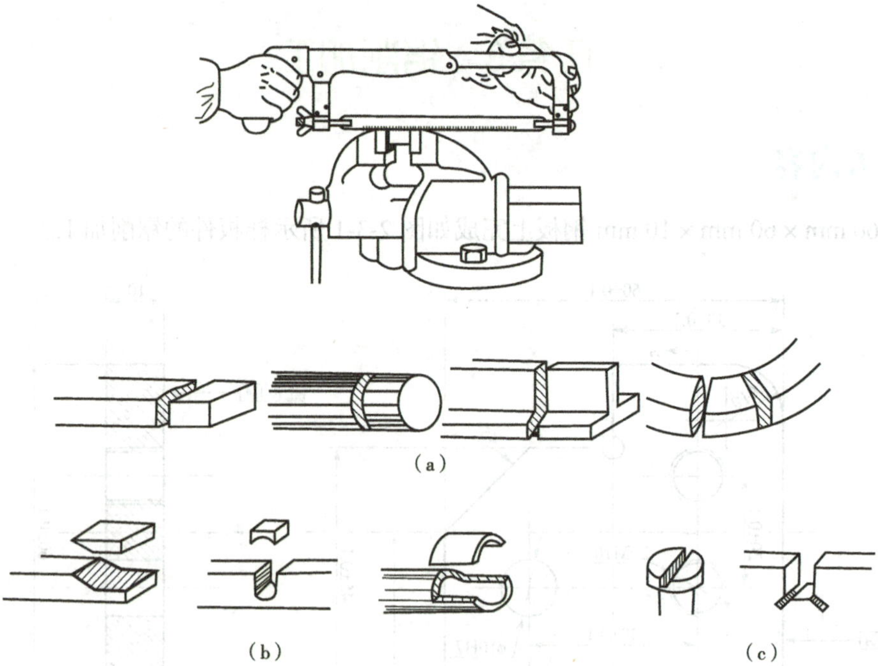

图 2-3-2 锯削及其工作范围
(a)锯断工件 (b)锯掉工件上多余的部分 (c)开槽

1. 手锯

手锯由锯弓和锯条两部分组成。

1)锯弓

锯弓是用来夹持和拉紧锯条的工具。

手锯的种类根据弓架的形式可分为两种:可调节式手锯,如图 2-3-3(a)所示;固定式手锯,如图 2-3-3(b)所示。

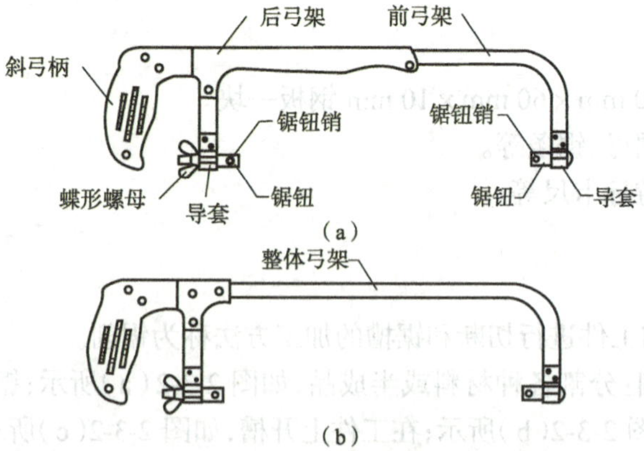

图 2-3-3 手锯种类
(a)可调节式手锯 (b)固定式手锯

(1)固定式手锯:弓架是整体的,只能装一种长度规格的锯条。

(2)可调节式手锯:弓架分成前后两段,由于前段在后段套内可以伸缩,因此可以安装几种长度规格的锯条。目前广泛使用的是可调节式手锯,如图 2-3-4 所示。

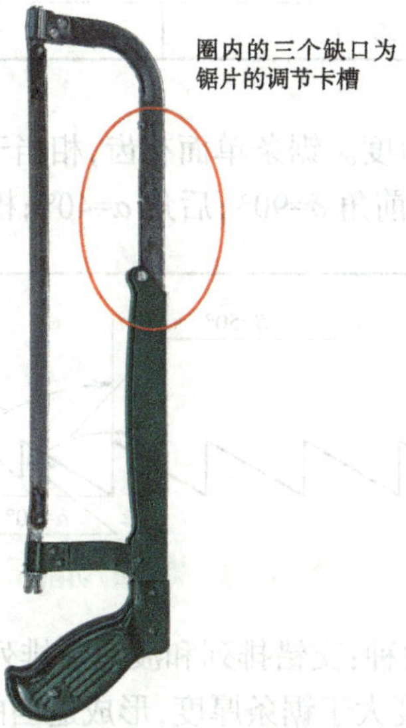

图 2-3-4　可调节式手锯实物

2)锯条

锯条一般用渗碳软钢冷轧并经热处理而成,材料为 T10~T12,其硬度不小于 62 HRC。

Ⅰ. 锯条的结构

锯条的基本结构是由锯齿(工作部分)、条身和销孔等构成,如图 2-3-5 所示。

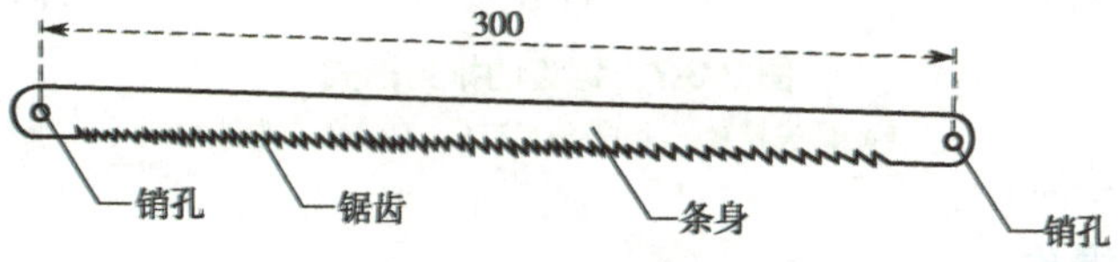

图 2-3-5　锯条结构

Ⅱ. 锯条规格

锯条规格分两种:一种是长度规格;另一种是锯齿规格。

(1)长度规格。长度规格以两端安装孔之间的中心距长度来表示,有 200 mm、250 mm、300 mm 等,钳工常用的是 300 mm 的锯条。

(2)锯齿规格。锯齿规格主要以锯条锯齿的粗细来表示,即锯条上每 25 mm 长度内的齿数,14~18 齿为粗齿,22~24 齿为中齿,32 齿为细齿。还有一种以齿距来表示,如粗齿齿距为 1.8 mm、中齿齿距为 1.2 mm、细齿齿距为 0.8 mm。进行锯削加工时,应根据所锯材料的硬度、厚度来选择锯齿规格。锯齿分类及应用见表 2-3-1。

表 2-3-1 锯齿规格及应用

类型	每 25 mm 长度内齿数	应用
粗	14~18	锯削软钢、黄铜、铝、铸铁、紫铜、人造胶质材料
中	22~24	锯削中等硬度的钢、厚壁钢管、铜管
细	32	薄片金属、薄壁管

(3)锯齿的形状及切削角度。锯条单面有齿,相当于一排同样形状的錾子,每个齿都有切削作用。锯齿的切削角度:前角 $\delta=90°$;后角 $\alpha=40°$;楔角 $\beta=50°$,如图 2-3-6 所示。

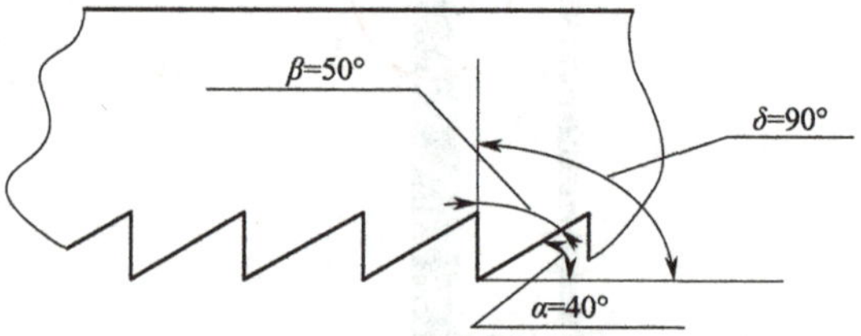

图 2-3-6 锯齿的切削角度

(4)锯齿的排列形式有两种:交错排列和波浪形排列,如图 2-3-7(b)、(c)所示。

这些排列形式使锯缝宽度大于锯条厚度,形成适当的锯路,以减小摩擦,使锯削省力、排屑容易,从而保证有效的切削,提高切削效率。

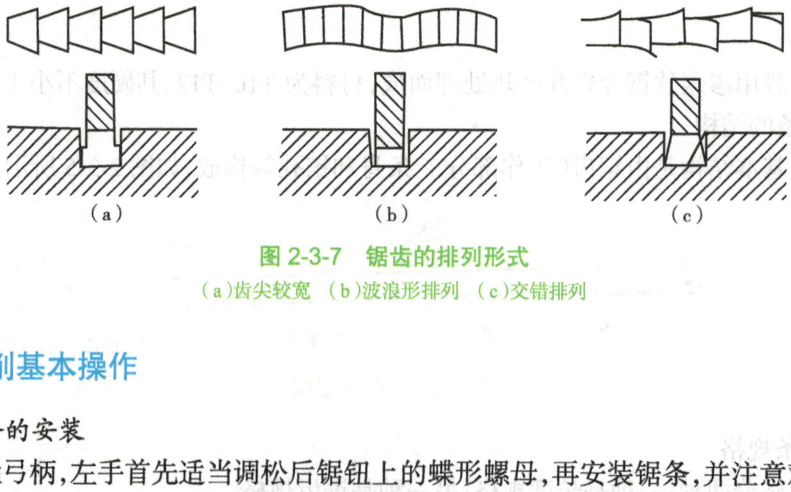

图 2-3-7 锯齿的排列形式

(a)齿尖较宽 (b)波浪形排列 (c)交错排列

2. 锯削基本操作

1)锯条的安装

右手握弓柄,左手首先适当调松后锯钮上的蝶形螺母,再安装锯条,并注意观察齿尖方向(齿尖应向前);先挂后锯钮销,再挂前锯钮销,然后调紧锯条;安装锯条时,松紧要适当,过松或过紧都容易使锯缝歪斜、锯条在锯削时折断。

特别注意:安装锯条时,应使齿尖的方向朝前(因手锯是向前推时进行切削,向后返回时不起切削作用)。安装时负责锯条张紧的蝶形螺母要拧紧,其松紧程度以用手扳动锯条,感觉硬实以及有一点弹性为宜,如图 2-3-8 所示。

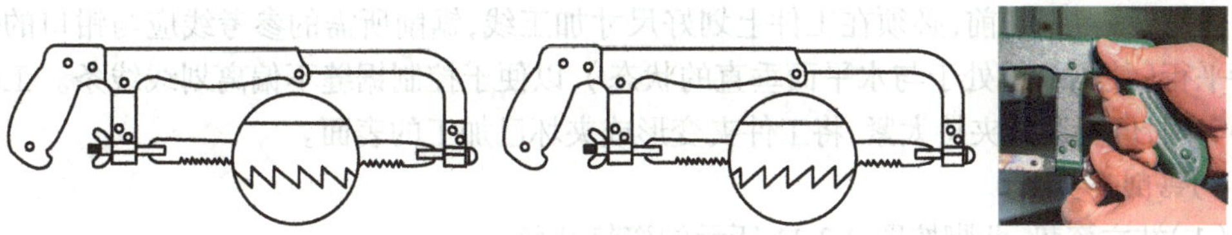

（a）　（b）　（c）

图 2-3-8　锯条安装

（a）安装正确　（b）安装错误　（c）调节蝶形螺母

2）锯弓握持方法

右手满握锯柄（也可将食指伸直靠着弓架），大拇指贴在食指上；左手先自然伸展开，大拇指第一关节扣在前弓架上，食指、中指和无名指轻压在前弓架端部，小指仍自然伸展。右手控制锯削推力和压力，左手配合右手扶正手锯，不要加过大压力，如图 2-3-9 所示。

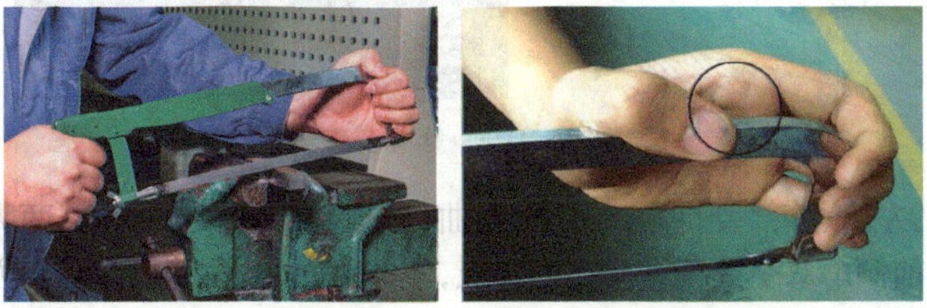

（a）　（b）

图 2-3-9　锯弓握持方法

（a）手锯的握法　（b）画圈的位置要成空心状态

3）工件的夹持

在台虎钳上夹持工件的方法：在一般情况下，工件的锯削位置多在台虎钳的左侧，以便于操作；同时工件伸出钳口的部分不要太长，应使锯缝离开钳口侧面 20 cm 左右，以免在锯削时引起工件抖动；锯缝线要与钳口侧面保持平行，便于控制锯缝不偏离划线线条；工件的夹持要牢固，不可有抖动，以防锯削时工件移动而使锯条折断；同时，要避免将工件夹变形或夹坏已加工表面，如图 2-3-10 所示。

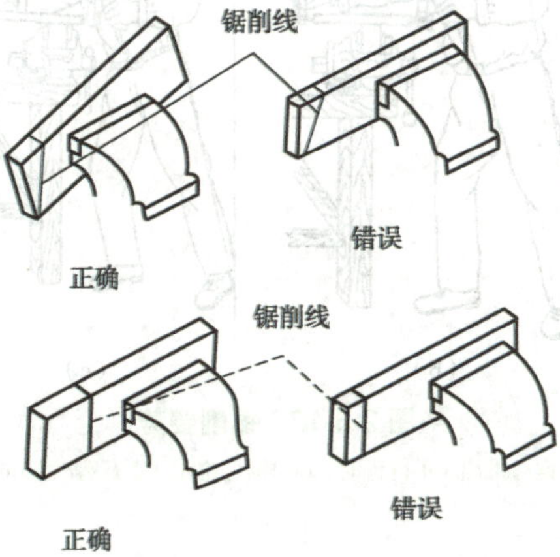

图 2-3-10　工件的夹持

注意:练习锯削前,必须在工件上划好尺寸加工线,锯削所需的参考线应与钳口的侧面保持平行(使锯缝线处于与水平面垂直的状态),以便于控制锯缝不偏离划线线条。工件夹持要牢固,但要避免夹持太紧,将工件夹变形或夹坏已加工的表面。

4)锯削姿势

(1)站立姿势:两脚按图 2-3-11 所示的姿势站稳。

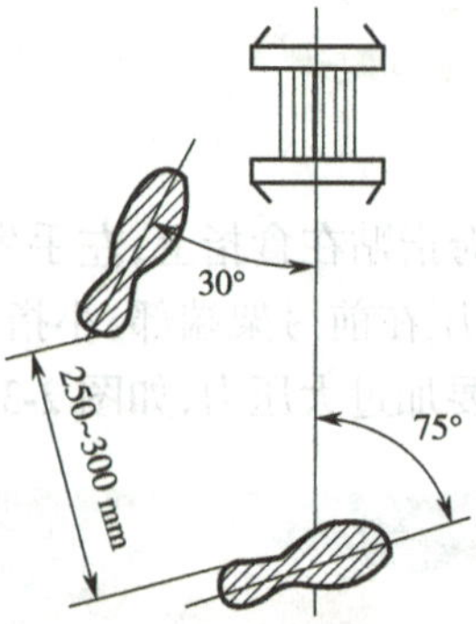

图 2-3-11 锯削姿势

跨前半步的左脚、膝部要自然,左腿稍弯曲;右脚稍向后,右腿伸直;两脚均不要过分用力,身体自然稍前倾。双手握手锯放在工件上,左臂略弯曲,右臂要与锯削方向基本保持平行,如图 2-3-12(a)所示。

(2)向前锯削时,身体与手锯一起向前运动。此时,右腿伸直向前倾,身体也随之前倾,重心移至左腿上,左膝盖弯曲,如图 2-3-12(b)所示。

(3)随着手锯行程的增大,身体倾斜角度也随之增大,如图 2-3-12(c)所示。

(4)手锯推至锯条长度的 3/4 时身体停止运动,手锯准备回程,如图 2-3-12(d)所示。

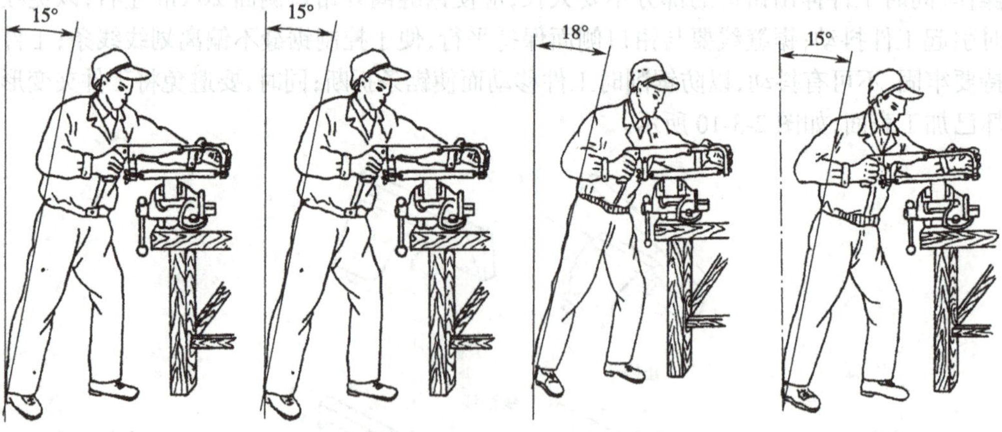

图 2-3-12 锯削姿势

(a)开始锯削时 (b)锯弓推出 1/4 行程时 (c)锯弓推出 1/2 行程时 (d)锯弓推出 3/4 行程时

5)起锯

在工件的边缘处进行锯缝定位时的锯削称为起锯。起锯分远起锯和近起锯两种方法。

起锯时,为保证在工件的正确位置上起锯,可用左手拇指引导锯条切入,如图 2-3-13 所示。起锯时,加的压力要小,往复行程要短,速度要慢,起锯角度约在 15°。如起锯角太大,如图 2-3-14(b)所示,则锯齿易被工件棱边卡住;如起锯角度太小,如图 2-3-14(c)所示,则不易切入材料,锯条还可能打滑,把工件表面锯坏。最少有三个齿同时接触工件,如图 2-3-14(a)所示。一般,厚型、薄型工件都可用近起锯方式,如图 2-3-15(a)所示;管状工件可用远起锯方式,如图 2-3-15(b)所示。

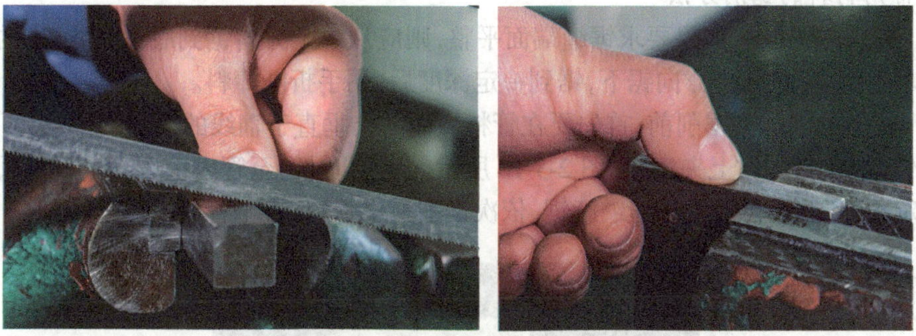

图 2-3-13 用左手拇指引导锯条切入

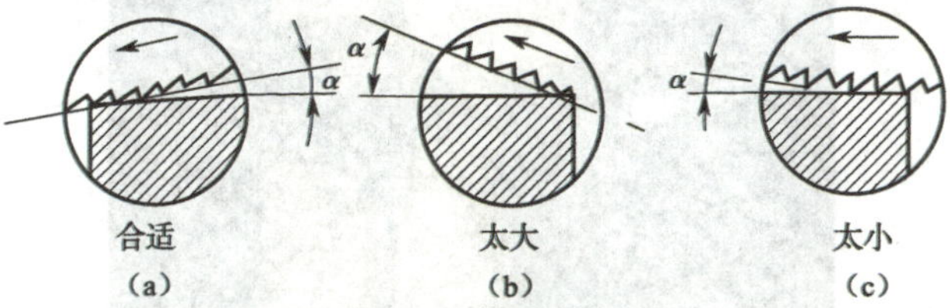

图 2-3-14 起锯角

(a)正确角度 (b)角度太大 (c)角度太小

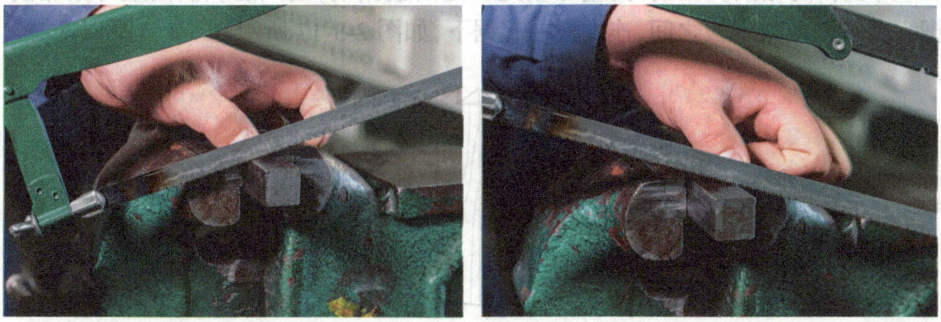

(a) (b)

图 2-3-15 起锯方式

(a)近起锯 (b)远起锯

6)锯削速度和压力

(1)锯削速度以20~40次/分钟为宜。锯削软材料可快些;锯削硬材料可慢些。

(2)锯削时,应尽量利用锯条的全长,一次往复的距离不小于锯条全长的2/3。

(3)要经常注意锯缝的平直情况,如发现歪斜及时纠正。歪斜过多会导致纠正困难,不能保证锯削的质量。

(4)锯削硬材料时,压力可大些,否则锯齿不易切入,造成打滑;锯削软材料时,压力要稍小些,否则锯齿切入过深会发生咬住现象。当工件快被锯断时,推锯压力要轻、速度要慢、行程要短,并尽可能扶住工件即将掉落下来的部分。

7)常用材料的锯削方法

(1)棒料的锯削。如果要求锯缝端面平整,则应从一个方向锯到底;如对锯出的端面的质量要求不高,可按几个方向锯下,锯到一定深度后,用手折断棒料。

(2)管料的锯削。锯削前,首先要在管料表面划出垂直于轴线的锯削线,再用两块V形木块夹住,放在台虎钳上夹牢,如图2-3-16所示。锯削时,锯至管内壁后,退出手锯,将管材转过一定角度,然后再沿原锯缝继续锯,依次锯削整根管料,直至管材被锯断。

图2-3-16 管材的夹持

(3)薄板料的锯削。锯削时,应尽量先从宽面上锯削,当只能从狭面上开始锯削时,则应该把它夹持在两块木板之间,连木板一起锯下,如图2-3-17所示。

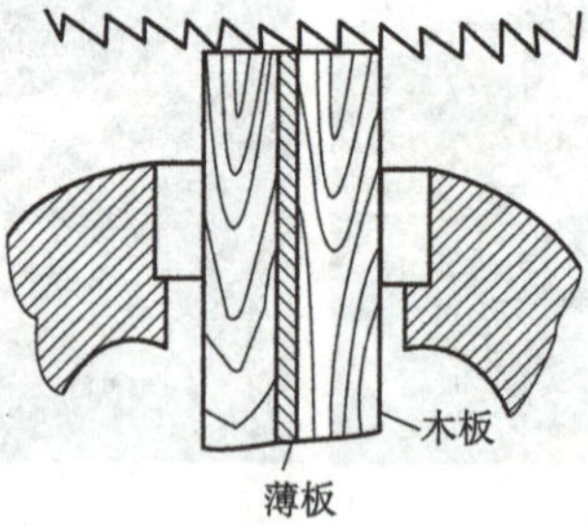

图2-3-17 薄板料夹持

(4)深缝锯削。深缝锯削经常出现锯缝深度大于锯弓高度的情况,此时可先进行正常锯削,如图2-3-18(a)所示;后将锯弓转过90°再重新安装,如图2-3-18(b)所示,使锯弓在工件的外侧,继续进行锯削即可。

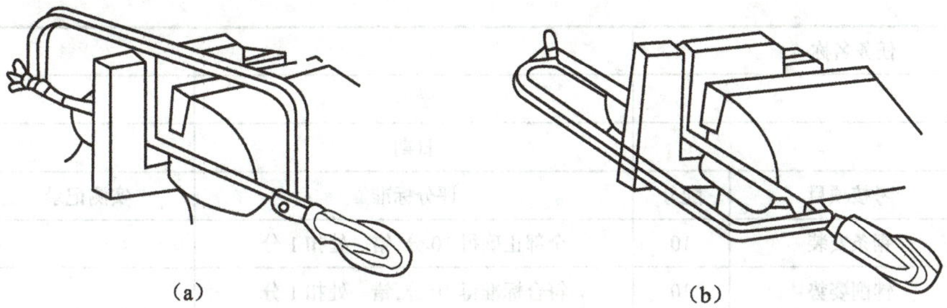

图 2-3-18　深缝锯削

(a)当锯缝深度小于锯弓高度时的锯削方法　(b)当锯缝深度大于锯弓高度时的锯削方法

3. 常见问题原因分析

1)锯条折断的原因

(1)工件未夹紧,锯削时工件有松动。

(2)锯条装得过松或过紧。

(3)锯削压力太大或锯削方向突然偏离锯缝方向。

(4)强行纠正歪斜的锯缝,或调换新锯条后仍在原锯缝过猛地锯下。

(5)锯削时,锯条中间局部磨损,当拉长锯削时锯条被卡住引起折断。

(6)中途停止使用时,手锯未从工件中取出而碰断。

2)锯缝产生歪斜的原因

(1)工件安装时,锯缝线未能与铅垂线方向保持一致。

(2)锯条安装太松或相对锯弓平面扭曲。

(3)锯割压力太大而使锯条左右偏摆。

(4)锯弓未扶正或用力歪斜。

4. 安全知识

(1)握持锯弓时,注意手指不要伸到弓架内侧,特别是左手不要抓握弓架,防止手被碰。

(2)锯条要装得松紧适当,锯削时不要突然用力过猛,防止工作中的锯条突然折断,崩出伤人。

(3)工件将被锯断时,压力要小,避免压力过大使工件突然断开,手突然前冲造成事故。一般工件将被锯断时,要用左手扶住工件即将断开的部分,避免其掉下砸伤脚。

☑ 任务步骤

(1)按图纸要求划线。

(2)加工工艺孔。根据图纸要求,在锯削前钻出 $\phi3$ mm 的工艺孔。

(3)按划线,锯除右侧一角多余的部分,留 1 mm 粗锉余量。

(4)按划线,锯除右侧斜面多余的部分,留 1 mm 粗锉余量。

☑ 任务评价

任务名称					
班级			学号		
姓名			日期		
序号	考核项目	配分	评分标准	实测记录	得分
1	锯条安装	10	全部正确得 10 分,错一处扣 1 分		
2	锉削姿势	10	符合标准得 10 分,错一处扣 1 分		
3	握持方法	10	全部满足要求得 10 分,错一处扣 1 分		
4	工件平行度	20	全部满足要求得 20 分,错一处扣 1 分		
5	工件垂直度	20	全部满足要求得 20 分,错一处扣 1 分		
6	表面粗糙度	10	全部满足要求得 10 分,错一处扣 1 分		
7	工时(60 min)	10	未超时得 10 分,每超时 5 min 扣 1 分		
8	安全与文明生产	10	满足要求得 10 分,出现问题不得分		
总计得分					

学生任务总结:

教师点评:

任务 4　孔加工

☑ 任务内容

在图 2-4-1 所示的 60 mm × 60 mm × 10 mm 样板件上完成相应的孔加工。

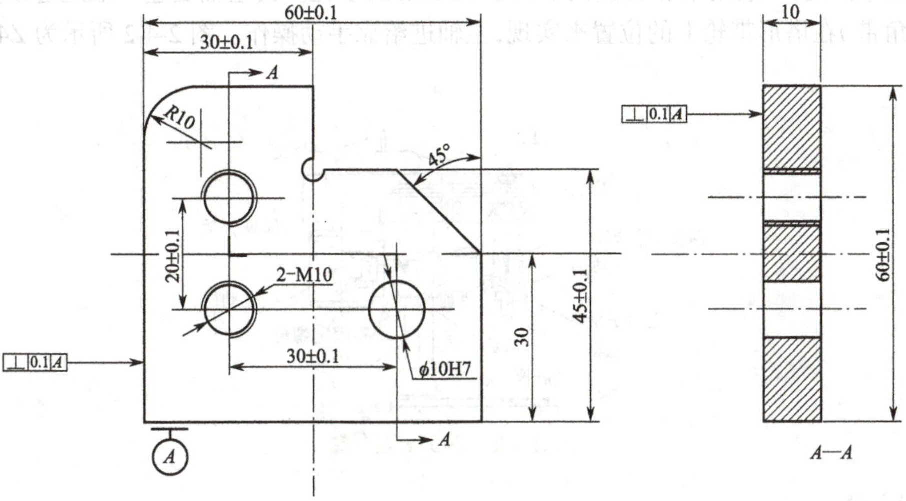

图 2-4-1　孔加工图(mm)

☑ 任务目标

(1)分析需要加工的图纸,了解加工工艺要求。

(2)重点掌握孔的加工方法,掌握钻床的使用方法。

(3)掌握孔加工时的注意事项。

☑ 任务准备

(1)材料准备:60 mm × 60 mm × 10 mm 样板件一块。

(2)工具准备:划线平板、样冲、手锤、钻头、铰刀等。

(3)量具准备:高度游标卡尺、直角尺等。

(4)刀具准备:ϕ5 钻头、ϕ9.8 钻头、ϕ10H7 铰刀等。

(5)辅助工具:切削液等。

☑ 知识链接

【扫码查看钳工中的钻孔操作】

各种零件的孔加工,除去一部分由车床、镗床、铣床等机床完成外,很大一部分是由钳工工人利用钻床和钻孔工具(钻头、扩孔钻、铰刀等)完成的。钳工加工孔的方法主要有两类:一类是在实体工件上加工出孔,即用麻花钻、中心钻等进行的钻孔操作;另一类是对已有的孔进行再加工,即用扩孔钻、锪孔钻和铰刀进行的扩孔、锪孔和铰孔操作。

1. 钻床的概念

1)台钻

台钻是台式钻床的简称。台钻是一种小型钻床,通常安装在专用工作台上。台钻结构简单、操作方便,一般用来加工直径不大于 12 mm 的小孔。其主轴变速一般通过改变皮带(如三角带)在塔形带轮上的位置来实现,主轴进给靠手动操作。图 2-4-2 所示为 Z4012 型台钻。

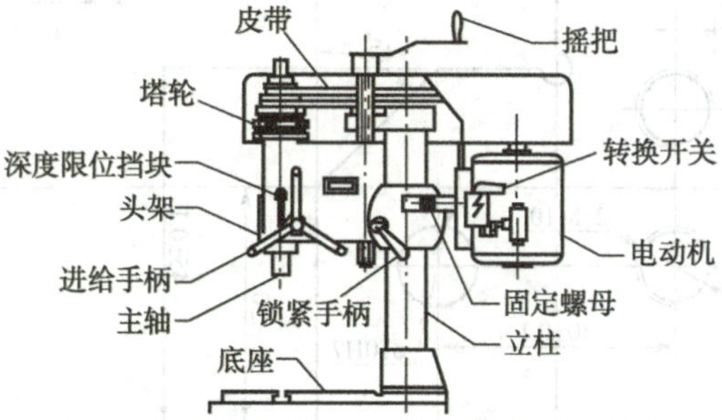

图 2-4-2 Z4012 型台钻

2)立钻

立钻是立式钻床的简称。立钻是使用最普遍的钻床,其结构比较完善,适用于中、小型工件的孔加工,按最大钻孔直径,立钻有 ϕ25 mm、ϕ35 mm、ϕ40 mm 和 ϕ50 mm 等多种。图 2-4-3 所示为 Z525 型立钻。

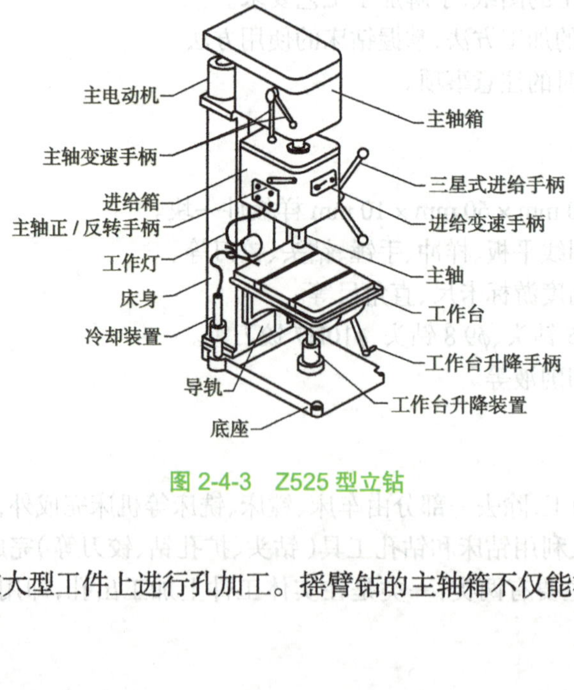

图 2-4-3 Z525 型立钻

3)摇臂钻

摇臂钻适用于在大型工件上进行孔加工。摇臂钻的主轴箱不仅能在摇臂上产生较大的移动范围，而且摇臂可以围绕立柱做 360° 旋转，并可沿立柱上下移动，故摇臂钻床有较大的工作范围，使用方便灵活。Z3040 型摇臂钻的最大钻孔直径为 100 mm，主轴中心线至立柱母线距离为 570~3 150 mm，如图 2-4-4 所示。

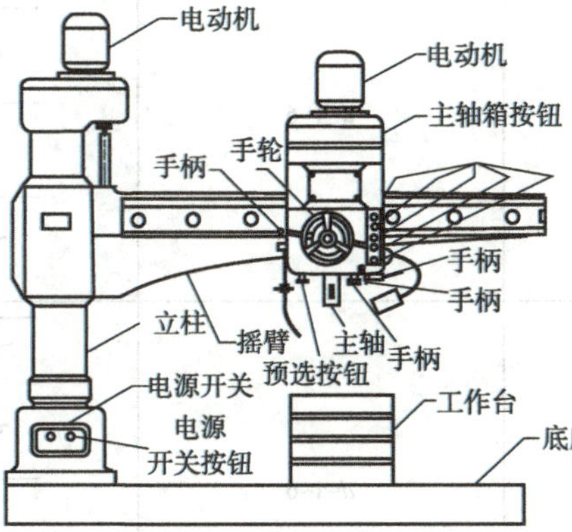

图 2-4-4　Z3040 型摇臂钻

2. 钻头及刃磨技术

1）中心钻

中心钻是用于加工轴类零件中心孔的钻头，中心孔是轴类工件在顶尖上安装的定位基准。中心钻一般由高速钢制成。

Ⅰ. 中心钻的类型

按结构形式，中心钻分为普通中心钻、不带护锥 60° 复合中心钻、带护锥 60° 复合中心钻和锥柄中心锪钻四类，规格见表 2-4-1。

表 2-4-1　中心钻规格

名称	尺寸范围（mm）	简图
普通中心钻	d=1~12	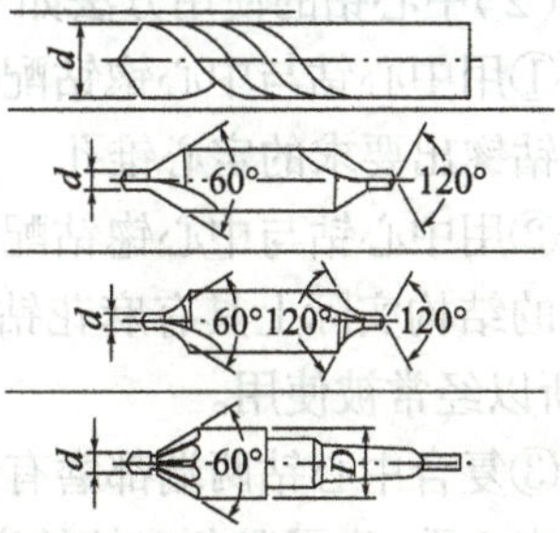

续表

名称	尺寸范围(mm)	简图
不带护锥 60° 复合中心钻	d=1~6	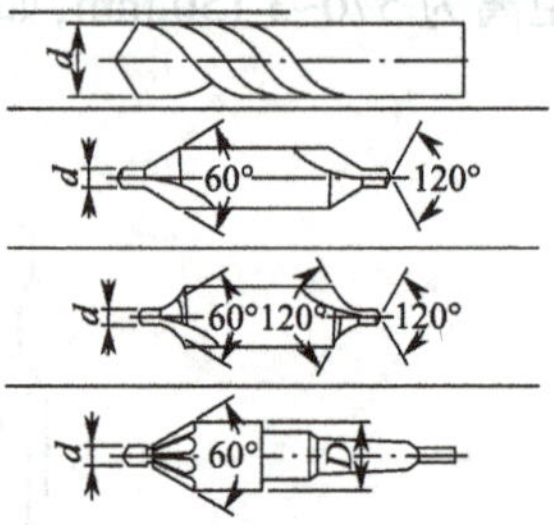
带护锥 60° 复合中心钻	d=1~6	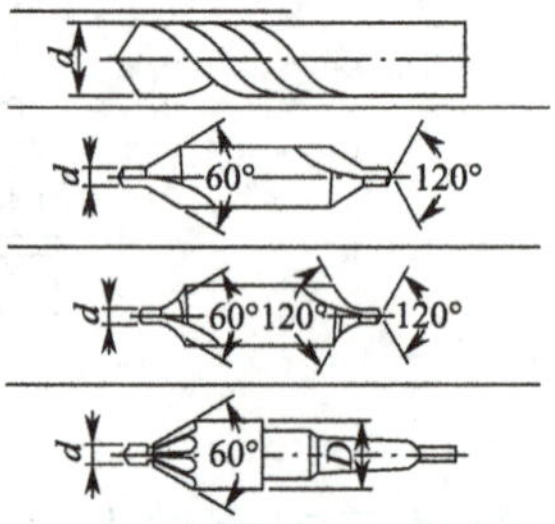
锥柄中心锪钻	d=20~60	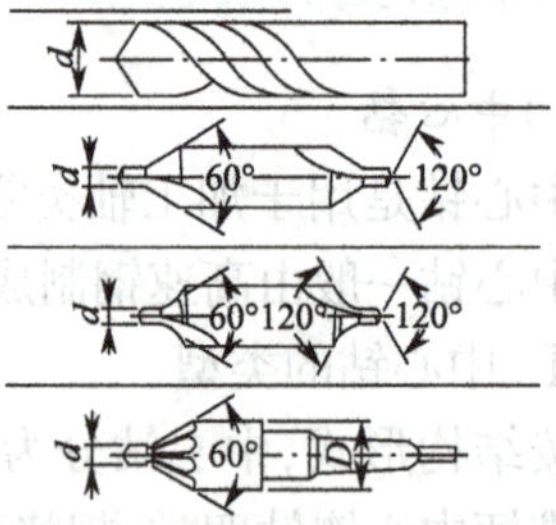

(1)中心钻的结构。中心钻的结构与麻花钻大致相同,只是比较短一些。中心锪钻是一种朵齿钻头。

(2)中心钻的使用方法如下。

①用中心钻与中心锪钻配合加工尺寸 d>6 mm 的中心孔时,先用中心钻钻出孔,再用中心锪钻锪出要求的定心锥孔。

②用中心钻与中心锪钻配合或用复合中心钻可加工尺寸 d=1~6 mm 的中心孔。复合中心钻的结构实际上具有麻花钻和锪钻的特征。用其钻孔时,一次就能将中心孔全部加工完毕,所以经常被使用。

③复合中心钻两端都磨有切削刃,分为带护锥和不带护锥两种。对于加工工序多、精度高的中心孔,为了避免工件的定心锥孔在搬运过程中被碰坏,一般采用带护锥的复合中心钻进行加工。

Ⅱ. 标准麻花钻

麻花钻是最常用的一种钻头,用来在工件上钻削直径为 1~80 mm 的孔。其工作部分的材料为高速钢和硬质合金等。钻头直径大于 6~8 mm 时,常制成焊接式钻身,包括工作部分和柄部。工作部分的材料为高速钢,常温硬度为 63~70 HRC,热硬性可达 500~600 ℃,常用的牌号有 W18Cr4V 和 W6Mo5Cr4V2;柄部的材料一般为 45#钢,硬度为 30~45 HRC。硬质合金钻头的工作部分为嵌焊硬质合金刀片,常温硬度可达 69~81 HRC,热硬性可达 800~1 000 ℃,常用牌号有 YG8 和 YW2。

(1)麻花钻的种类。麻花钻根据柄部,分为锥柄麻花钻(图 2-4-5(a))和直柄麻花钻(图 2-4-5(b))两类。

(2)麻花钻的结构。麻花钻一般由工作部、颈部和柄部等组成,如图 2-4-5(d)所示。

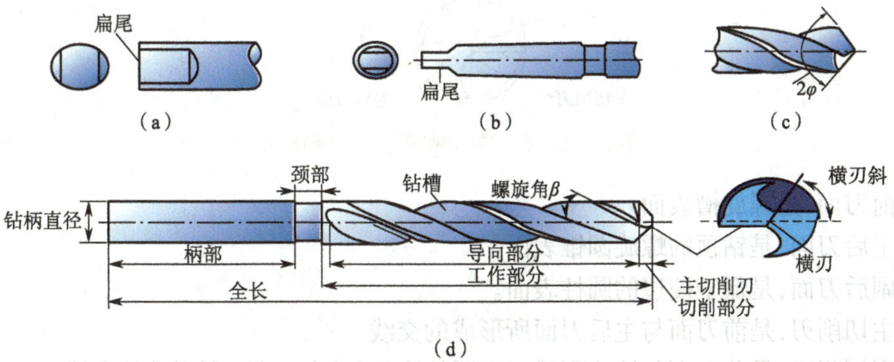

图 2-4-5 麻花钻

(a)锥柄 (b)直柄 (c)顶角 (d)麻花钻

①工作部分。工作部分由切削部分和导向部分组成,起切削和导向作用。

②钻槽(螺旋槽)。钻头的导向部分有两个螺旋槽,其作用是构成切削刃、排出切削屑和流通切削液。

③螺旋角 β。螺旋角是螺旋槽上最外缘的螺旋线展开成直线后与轴线的夹角。由于螺旋槽导程是一定的,所以不同直径处的螺旋角是不同的,越接近中心处的螺旋角越小。标准麻花钻的螺旋角范围为 18°~30°。

④颈部。莫氏锥柄钻头在颈部标有商标、钻头直径和材料牌号。

⑤柄部。钻削时,柄部起传递转矩和轴向力的作用。麻花钻的柄部分为直柄和锥柄两种。一般直径小于 13 mm 的钻头做成圆柱直柄,但传递的转矩比较小;直径大于 13 mm 的钻头做成锥柄,传递的转矩比较大。

(3)标准麻花钻切削部分的几何参数。

标准麻花钻的切削部分的几何形状主要由六面(两个前刀面、两个主后刀面和两个副后刀面)、五刃(两条主切削刃、两条副切削刃和一条横刃)、四角(顶角、前角、主后角和横刃斜角)组成,如图 2-4-6 所示。

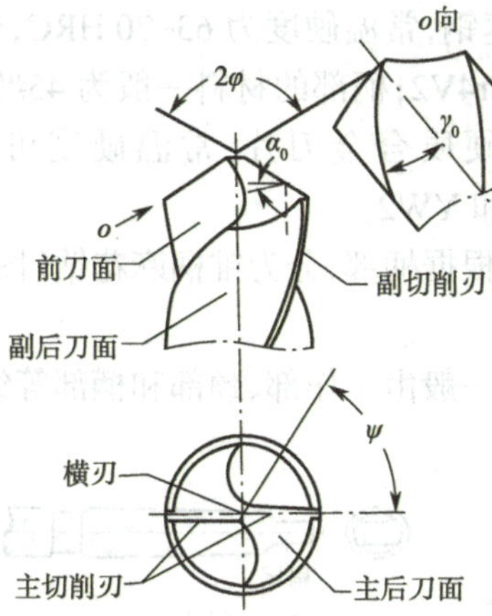

图 2-4-6 麻花钻切削部分的几何形状

①前刀面,是螺旋槽表面。

②主后刀面,是钻顶的螺旋圆锥表面。

③副后刀面,是低于棱边的圆柱表面。

④主切削刃,是前刀面与主后刀面所形成的交线。

⑤副切削刃,是前刀面与棱边副后刀面圆柱表面(凸起刃带)所形成的交线。

⑥横刃,是两主后刀面所形成的交线。横刃太短会影响钻尖的强度,横刃太长会使轴向抗力增大,影响钻削效率。

⑦顶角 2φ,是钻头两主切削刃在其平行平面内投影的夹角。顶角越大,主切削刃就越短,定心就越差,钻出的孔径就越大。顶角若增大,前角也会随之增大,切削就比较轻快。标准麻花钻的顶角一般为 118° ±2° 。顶角为 118° 时,两主切削刃呈直线;大于 118° 时,两主切削刃呈内凹曲线;小于 118° 时,两主切削刃呈外凸曲线。

⑧前角 γ_0,是前刀面与基面所形成的夹角。麻花钻前角的大小与螺旋角、顶角、钻心直径等有关。对前角影响最大的是螺旋角,螺旋角越大,前角也就越大。前角越大,切削越省力。前角靠近外缘处最大(+30°),自外缘向钻中心逐渐减小,靠近横刃处为负值(−54°)。

⑨主后角 α_0,是切削平面与主后刀面的夹角。主后角的作用是减小主后刀面与切削面间的摩擦。主切削刃上各点主后角是不相同的,外缘处最小,自外向内逐渐增大。直径为 15~30 mm 的麻花钻,外缘处的主后角为 9° ~12° ,钻中心处的主后角为 26°,横刃处的主后角为 30° ~60° 。

⑩ 横刃斜角 ψ,是在垂直于钻头轴线的端面投影中,横刃与主切削刃之间的夹角。它的大小由主后角的大小决定,主后角增大时,横刃斜角减小,横刃就比较长;主后角减小时,横刃斜角增大,横刃就比较短。横刃斜角一般为 50° ~55° 。

(4)标准麻花钻的刃磨技术。

在切削过程中钻头逐渐被磨损。刃磨钻头的目的,就是把钻头磨损了的切削部分恢复正确的几何形状,以保持良好的切削性能;或者为了适应加工不同性质的材料,而相应地改变钻头的几何形状。生产实践告诉我们:钻头的刃磨质量直接关系到钻孔质量(精度和光洁度)和切削效率。因此,必须十分重视钻头刃磨。

钻头的刃磨部分和要求如下。

①顶角影响。顶角的大小应视被加工材料的性质而定。顶角大，容易出现钻孔歪斜，既多耗动力又影响切削效率；如果顶角过小，切削刃强度不够，钻头就容易磨钝或折断。所以，最好用样板检验顶角大小，如图2-4-7(a)所示。

②切削刃的长度应相等并呈直线形。两个切削刃的长度和钻头中心轴线组成的两个角度必须相等，否则将出现单刃切削，钻出的孔不但会大于钻头直径，而且容易折断钻头，如图2-4-7(b)所示。

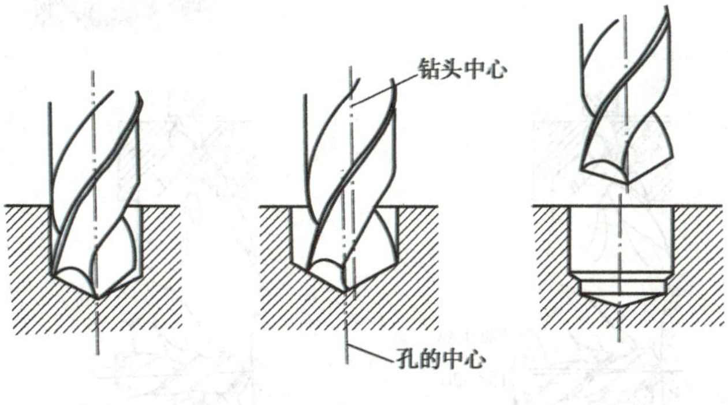

图2-4-7 刃磨错误的钻头

(a)两个顶角不相等 (b)两切削刃长度不等 (c)顶角和切削刃长度均有问题

③横刃斜角。后角的大小可以决定横刃斜角的大小。通过测量横刃斜角的大小，就可以判断后角是否正确。横刃斜角(ψ)一般为55°，如图2-4-8所示。

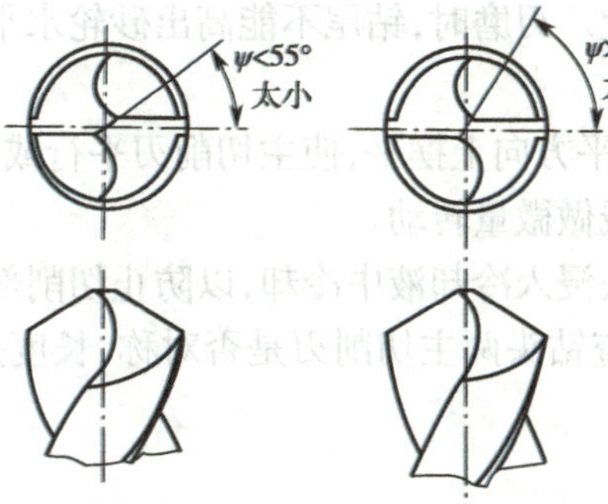

图2-4-8 不正确的横刃斜角

(5)手工刃磨钻头的方法。

注意：刃磨钻头的时候，钻头的顶角、后角和横刃斜角是同时磨出来的，如图2-4-9所示。

①刃磨前，应检查砂轮，如发现砂轮表面不平整或跳动厉害，必须进行修整，以保证钻头刃磨质量。选择砂轮的粒度为F46~F80，因为砂轮粒度的粗细可以影响磨削快慢。同样的转速，在粗砂轮上磨，钻头磨得深，磨屑掉得快；在细砂轮上磨，钻头磨得浅，磨屑掉得慢。

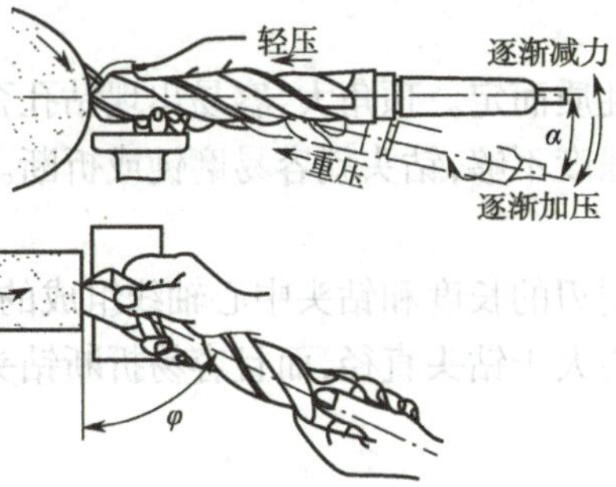

(a)

(b)

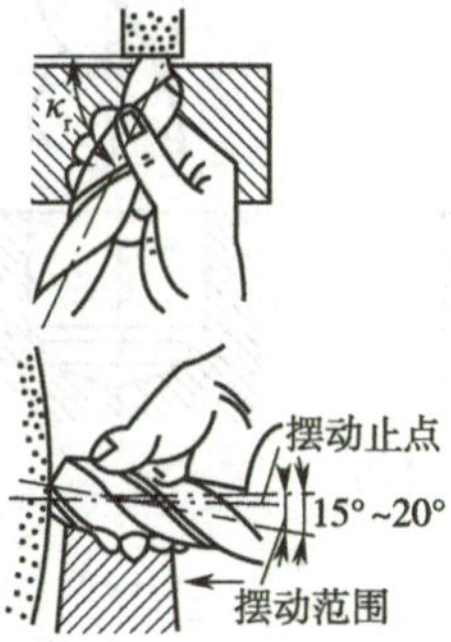

(c)

(d)

图 2-4-9 麻花钻的手工刃磨

(a)示意图 (b)实际操作 (c)刃磨顶角 (d)刃磨后角

②用握钻心的手掌在砂轮搁架上支持钻身,钻头和砂轮斜交约 59°。在搁架比砂轮中心线低的情况下,钻尖要更朝上。刃磨时,钻尾不能高出砂轮水平面,否则会磨出负后角,钻头正转便会钻不进工件。

③钻头的主切削刃应在水平方向上摆平,使主切削刃平行或略高于砂轮表面,钻尾做上下运动的同时,应使钻头绕轴线做微量转动。

④刃磨时,必须经常把钻头浸入冷却液中冷却,以防止切削部分过热退火。

⑤刃磨完毕后,应仔细检查钻头两主切削刃是否对称、长度是否等长,并用标准样板检查钻头的各个角度。

(6)麻花钻的修磨与改良。

①麻花钻和其他钻头比,既有优点,也有缺点。普通构造的麻花钻并不是一种很完善的理想刀具。针对麻花钻的缺点,我们可以采用下面几种方法加以改进,改善其切削性能以达到不同的钻削要求。

②修磨前角。钻头的圆锥面到圆柱面的过渡棱边,是前角最大、圆周速度最高、工作应力最集中的地方,因而磨损最厉害。修磨前刃将增加钻心处的前角和减少边沿处的前角,如图 2-4-10(a)所示。

③修磨横刃。钻头的横刃主要起着强固顶角尖的作用,但它的存在对于切削很不利。修磨横刃可以减少钻削阻力,如图 2-4-10(b)所示。

④修磨刃带(也叫作棱边)。把靠近切削刃带后部的地方磨出 6°~8° 的副后角(α_1),保留刃带的宽度为原来的 1/3~1/2,可减小刃带与孔壁的摩擦,提高工件表面的光洁度与钻头使用寿命,如图 2-4-10(c)所示。

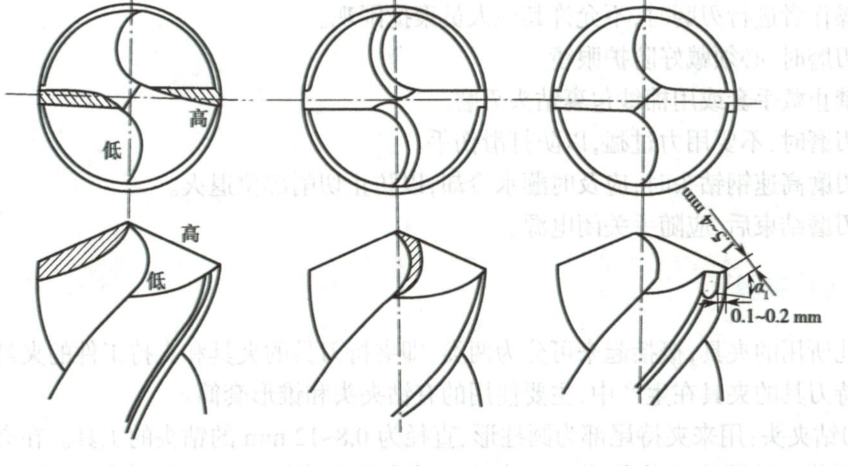

图 2-4-10 修磨麻花钻

(a)修磨前刃 (b)修磨横刃 (c)修磨刃带

⑤修磨主切削刃。针对麻花钻主切削刃较长(与钻头直径相比),切削屑宽的缺陷,可把顶角修磨成双重顶角(也叫作过渡刃),以达到顺利排屑的目的。一般过渡刃长等于 0.2D(D 为钻头直径)。2φ 等于 70°~75°,如图 2-4-11 所示。

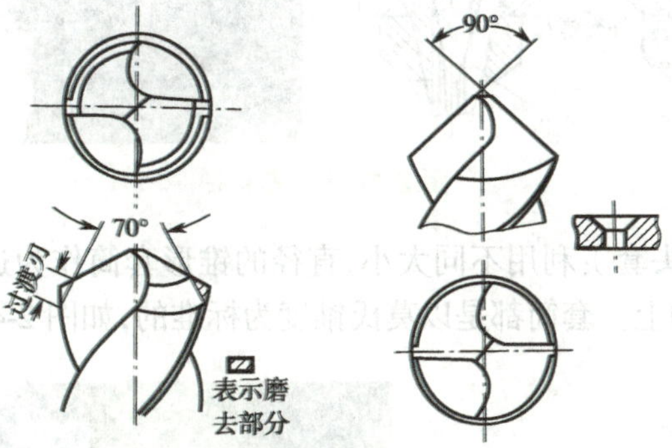

图 2-4-11 修磨主切削刃

标准麻花钻的刃磨要求见表 2-4-2。

表 2-4-2 钻头刃磨要求

项目	顶角 2φ	外缘处的后角 α	横刃斜角 ψ	两主切削刃	两主后刀面
刃磨要求	118° ± 2°	8°~14°	50°~55°	等长、对称	刃磨光滑

(7)刃磨操作安全规程。

①修平砂轮外圆柱表面(工作面),修小砂轮圆角半径。

②开动砂轮机后,必须先观察其旋转方向是否正确,并要等到转速稳定后再进行刃磨。

③刃磨时,操作者应站立在砂轮机的斜侧位置,不能正对砂轮的旋转方向。

④操作者进行刃磨时,不允许其他人员聚拢围观。

⑤刃磨时,必须戴好防护眼镜。

⑥禁止戴手套或用棉纱包裹钻头刃磨。

⑦刃磨时,不要用力过猛,以防打滑伤手。

⑧刃磨高速钢钻头时,应及时蘸水冷却,以防止切削部位退火。

⑨刃磨结束后,应随手关闭电源。

3. 钻孔夹具

钻孔所用的夹具,概括起来可分为两类,即夹持刀具的夹具和夹持工件的夹具。

夹持刀具的夹具在生产中,主要使用的有钻夹头和锥形套筒。

(1)钻夹头:用来夹持尾部为圆柱形、直径为 0.8~12 mm 的钻头的工具。在夹头的三个斜孔内部装有带螺纹的夹爪,螺纹和装在夹头套筒的内螺纹相啮合,由于螺旋的作用,旋转套筒,三个爪伸出或缩进,使钻头尾部被夹紧或松开,如图 2-4-12 所示。

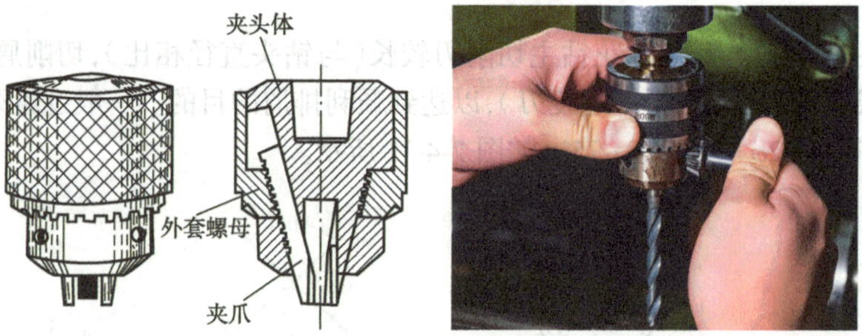

图 2-4-12 钻卡头

(2)锥形套筒(钻头套):利用不同大小、直径的锥形套筒作为过渡连接,可把钻头或钻夹头连接在钻床的主轴上。套筒都是以莫氏锥度为标准的,如图 2-4-13 所示。

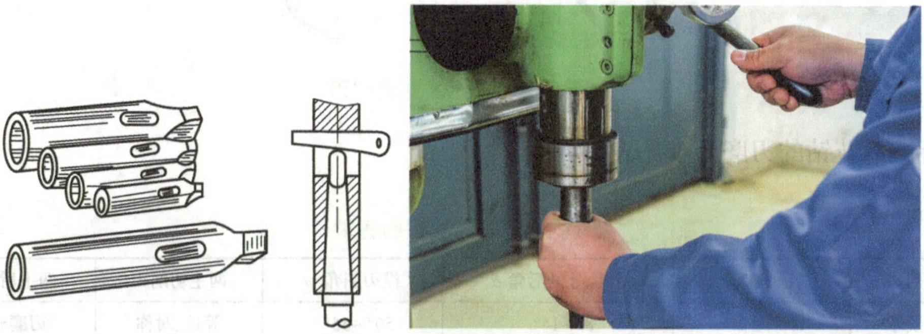

图 2-4-13 锥柄钻头连接

(3)夹持工件的夹具。

①平口钳:用来夹持平整的工件,如图2-4-14(a)所示。

②V形铁:主要用来夹持圆柱形工件,如图2-4-14(b)所示。

③垫铁螺栓和压板:主要用来夹持块状工件,如图2-4-14(c)所示。

④直角铁:用来夹持要加工两个相互垂直通孔的工件,如图2-4-14(d)所示。

⑤手虎钳:用来夹持小型工件和薄板工件,如图2-4-14(e)所示。

⑥三爪自定心卡盘:用来夹持圆柱形工件,如图2-4-14(f)所示。

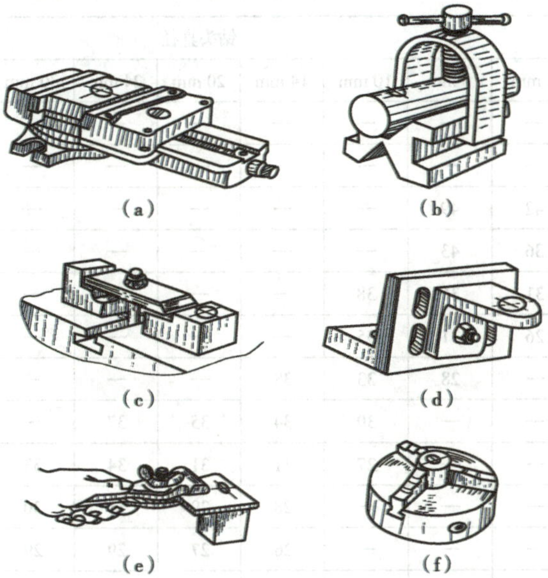

图2-4-14　夹具

(a)平口钳　(b)V形铁　(c)垫铁螺栓和压板　(d)直角铁　(e)手虎钳　(f)三爪自定心卡盘

4. 切削用量的选择

(1)切削速度v:钻头转动时,切削刃上离钻头中心最远的一点,在1 min内所走过的路程,单位为m/min。它的计算公式为

$$v=\frac{\pi Dn}{1000}$$

式中　D——钻头直径(mm);

n——钻头转速(r/min);

π——圆周率。

(2)进刀量s:钻头每转一周向下移动的距离,单位为mm/r。

(3)切削用量对钻头耐用度的影响。在钻孔中,始终存在着切削速度和进刀量两种运动,假如缺少了一种运动,就不能称为切削了。增加切削速度或进刀量,都能达到提高生产效率的目的,但是它们对切削的影响各有不同。

切削速度对钻头耐用度影响最大,当切削速度快时,虽然缩短了钻孔时间,但钻头容易磨损和烧坏。进刀量对钻头耐用度的影响较切削速度小,但过大的进刀量,除影响工件质量外,也容易使小直径钻头折断。

(4)切削用量的合理选择。在保证钻头有正常使用寿命的基础上,为了使钻头发挥最大的切削效能,就必须懂得选择合理的切削用量。经验证明:钻孔时,选择较低的切削速度和较大的进刀量一般是适宜的。用不同高速钢钻头对碳钢工件钻孔时,所适用的切削速度见表 2-4-3。

表 2-4-3 用高速钢钻头加工碳钢工件时的切削速度 单位:m/min

进刀量	钻头直径										
	2 mm	4 mm	6 mm	10 mm	14 mm	20 mm	24 mm	30 mm	40 mm	50 mm	60 mm
0.05 mm/r	46	—	—	—	—	—	—	—	—	—	—
0.08 mm/r	32	—	—	—	—	—	—	—	—	—	—
0.10 mm/r	26	42	49	—	—	—	—	—	—	—	—
0.12 mm/r	23	36	43	—	—	—	—	—	—	—	—
0.15 mm/r	—	31	36	38	—	—	—	—	—	—	—
0.18 mm/r	—	26	31	35	—	—	—	—	—	—	—
0.20 mm/r	—	—	28	33	38	—	—	—	—	—	—
0.25 mm/r	—	—	—	30	34	35	37	—	—	—	—
0.30 mm/r	—	—	—	27	31	31	34	33	—	—	—
0.35 mm/r	—	—	—	—	28	29	31	30	—	—	—
0.40 mm/r	—	—	—	—	26	27	29	29	30	30	—
0.45 mm/r	—	—	—	—	—	26	27	27	28	29	27
0.50 mm/r	—	—	—	—	—	—	26	26	26	27	26
0.60 mm/r	—	—	—	—	—	—	—	24	24	25	25
0.70 mm/r	—	—	—	—	—	—	—	—	23	23	23
0.80 mm/r	—	—	—	—	—	—	—	—	—	21	22
0.90 mm/r	—	—	—	—	—	—	—	—	—	—	21

5. 钻孔时冷却液的选择

钻头在切削过程中所产生的切削热直接影响钻头的耐用度。当积蓄热量超过一定的限度时,钻头的切削刃就开始软化,并且迅速磨损,甚至退火而失去切削能力。因此,钻孔时必须使用充分的冷却液来降低温度,以保证钻头有正常的使用寿命。冷却液还起着改善孔壁光洁度的作用。常用的冷却液有乳浊液、煤油等。一般情况下,钻铸铁工件是不需要使用冷却液的。

6. 钻孔安全技术

钻孔时工件一定要压紧。通孔刚要钻穿时,发生事故的可能性最大。这时扭矩特别大,如工件没压紧，工件随着钻头旋转起来就容易出事故，如图 2-4-15 所示。

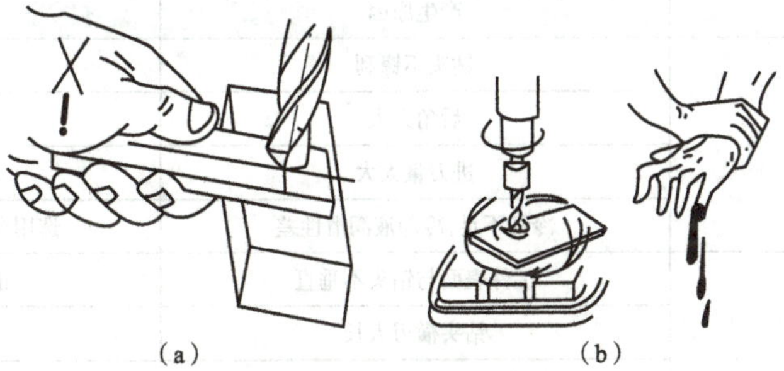

图 2-4-15　违章操作实例 1

(a)违章手拿工件夹持　(b)违章手持工件的后果

钻孔时不准戴手套，不能用手去捏排屑，以免不小心被切屑勾住旋转，发生人身事故。切屑不断，不准用手去拉。要切断切屑，只要把钻头退出一些或暂停自动走刀就可。

钻铸铁和黄铜时，不要用嘴去吹切屑，以免切屑粉末飞入眼睛。需要清理这类切屑时应抬起钻头用刷子把切屑扫开，如图 2-4-16 所示。

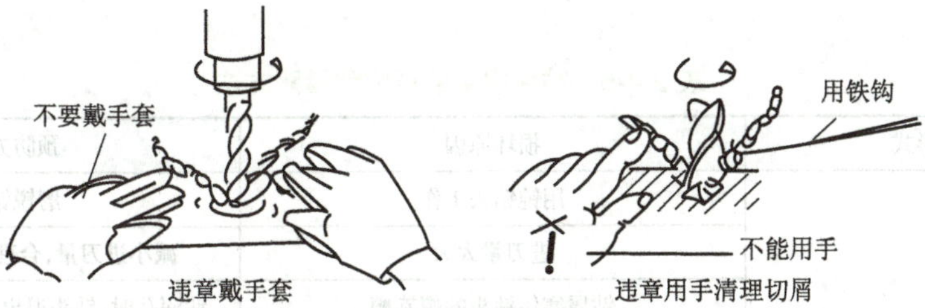

图 2-4-16　违章操作实例 2

钻孔时，工作台面上不准放置刀具、量具及其他物品。钻通孔时，工件下面必须垫上垫块或把钻头对正工作台的空当，以免损坏工作台。车停止前不准去碰钻夹头。松、紧钻夹头必须用专用钥匙，不准用榔头或其他东西敲打。将钻头从锥套中退出，一定要用斜铁敲出。

7. 常见问题原因分析

钻孔时，导致废品产生的原因及防止方法见表 2-4-4，导致钻头损坏的原因及预防方法见表 2-4-5。

表 2-4-4　钻孔废品的产生原因及防止方法

废品形式	产生原因	防止方法
钻孔呈多角形	钻头后角太大	正确刃磨钻头
	两切削刃长短不一，角度不对称	
孔径大于规定尺寸	钻头刃磨不正确	正确刃磨钻头
	钻头摆动	消除钻头摆动

续表

废品形式	产生原因	防止方法
孔壁粗糙	钻头不锋利	磨锐钻头
	后角太大	减小后角
	进刀量太大	减小进刀量
	冷却不足，冷却液润滑性差	选用润滑性好的冷却液
钻孔位置偏移或歪斜	工件表面与钻头不垂直	正确安装工件
	钻头横刃太长	磨短横刃
	钻床主轴与工作台不垂直	检查钻床主轴的垂直度
	进刀时过于急躁	进刀不要太快
	工件固定不紧	工件要夹牢
	没有先开动电动机使钻头旋转	先旋转钻头再对准划线或样冲眼
	钻出的定位孔没有定到位	中心钻定位或工具定中心时旋转主轴，定心工具要打表。正确找正并夹牢工件

表 2-4-5　钻头损坏的原因和预防方法

损坏形式	损坏原因	预防方法
工作部折断	用钝钻头工作	磨锐钻头
	进刀量太大	减小进刀量，合理提高切削速度
	钻屑塞住钻头的螺旋槽	钻深孔时，钻头退出几次，以排出切屑
	钻孔将要钻穿时，由于进刀阻力迅速降低而突然增加了进刀量	钻孔将要钻穿时，减小进刀量
	工件松动	将工件可靠地固定
	没有使钻头旋转就进刀	先旋转钻头再进给
切削刃迅速磨损	切削速度过高	降低切削速度

8. 扩孔

对已加工过的孔（锻出、铸出或钻出的孔），扩大孔径的加工方法称为扩孔，如图 2-4-17 所示。

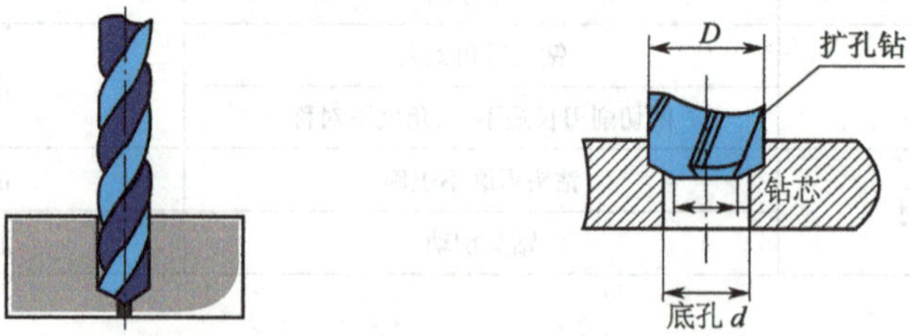

图 2-4-17　扩孔

扩孔可以校正孔的轴向偏差，并使孔获得较正确的几何形状。扩孔的质量比钻孔高，扩孔属于半精加工，其尺寸公差等级可达 IT10~IT9，表面粗糙度 *Ra* 值可达 6.3~3.2 μm。扩孔可作为要求不高的孔的最终加工，更多的是作为精加工前的预加工，扩孔加工余量一般为 0.5~4 mm。

扩孔时，切削深度 a_p 按下式计算：

$$a_p = (D - d)/2$$

式中　*D*——扩孔后的直径（mm）；

d——预加工孔底孔的直径（mm）。

1）扩孔加工的特点

（1）无横刃影响，背吃刀量小，提高生产率，提高加工质量。

（2）切削深度 a_p 较大时，切削助力小，切削条件大大改善。

（3）切削深度 a_p 较小时，产生切屑体积小，排屑容易。

扩孔钻：由于扩孔切削条件的改善，扩孔钻的结构和麻花钻相比有了较大的不同。扩孔钻按照刀体结构，分为整体式和镶嵌式两种；按照装夹方式，分为直柄、锥柄和套式 3 种。

2）扩孔的注意事项

（1）防止扩孔时扎刀。

（2）用麻花钻扩孔时，扩孔前底孔直径为孔径的 50%~70%；用扩孔钻扩孔时，扩孔前底孔直径为孔径的 90%。

（3）保证钻头与扩孔钻中心重合，保证加工质量。

9. 锪钻

把已有的孔扩大和在孔的端面或边缘上加工成各种形状的浅孔，实际通常采用锪钻进行加工。各种锪钻都属于多刃刀具（有三个以上切削刃）。

1）扩孔锪钻

如将已有的孔扩大，对于要求精度较高的孔来说，用麻花钻是不适宜的。因为它没有准确的导向，容易扩偏；而扩孔用的锪钻，有较多的切削刃且没有横刃，工作时能保证扩孔的方向正确和使工件的加工面光滑。锪孔的余量可参考表 2-4-6。

表 2-4-6　钻孔留给锪孔的余量　　单位：mm

钻孔直径	15~24	25~35	36~45	45~55
锪孔余量	1.0	1.5	2.0	2.5

2）扩孔锪钻分类

（1）圆柱形埋头锪钻。圆柱形埋头锪钻主要用来锪螺钉柱形埋头孔。在锪钻的切削部分前端带有导柱，用以保持原有孔和埋头孔同心，如图 2-4-18（a）所示。

（2）圆锥形埋头锪钻。圆锥形埋头锪钻用来锪螺钉或铆钉锥形的埋头孔。常见的锥形埋头锪钻的顶角为 60°、75°、90°、120° 等，它的刀齿一般为 6~12 个，如图 2-4-18（b）所示。

(3)端面锪钻。端面锪钻的特点是仅在端面上有切削刃,用以专门锪与孔垂直的平面,如图 2-4-18(c)所示。

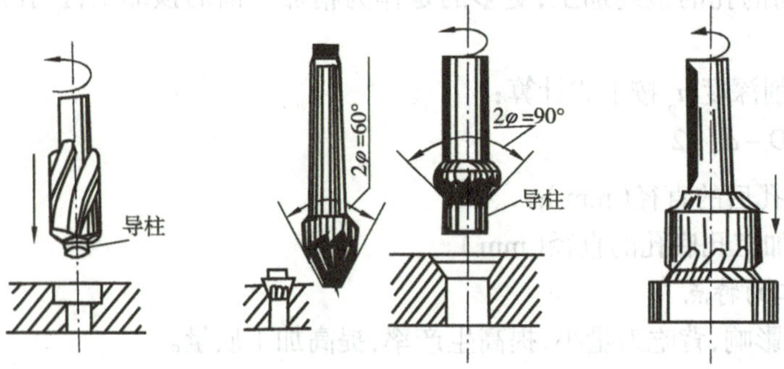

图 2-4-18 锪孔

(a)锪圆柱形孔 (b)锪锥形孔 (c)锪孔口和凸台平面

(4)用麻花钻改磨锥形锪钻。用麻花钻改制时,其顶角应与锥孔锥角一致,两切削刃要对称,外缘处的前角要减小,以防扎刀,一般修磨成前角 γ 为 15°~20°。由于锪孔时横刃无切削,故轴向抗力减小,为了减小振动,常磨成双重后角 α 为 0°~2°,这部分的后刃面宽 f 为 1~2 mm,另一后角 α 为 6°~10°,如图 2-4-19 所示。

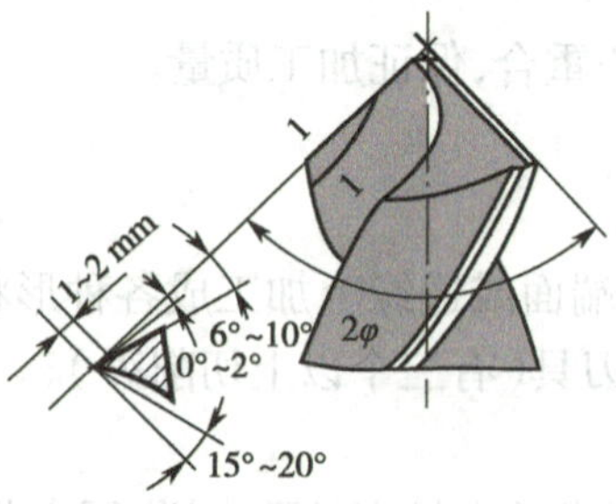

图 2-4-19 磨锥形锪钻

(5)用麻花钻改磨平底锪钻。先把麻花钻端面对称磨平后,再修磨外缘处前角 γ 为 15°~20°;双重后角 α 为 0°~20°;刃面宽 f 为 1~2 mm;另一后角 α 为 6°~8°,如图 2-4-20 所示。

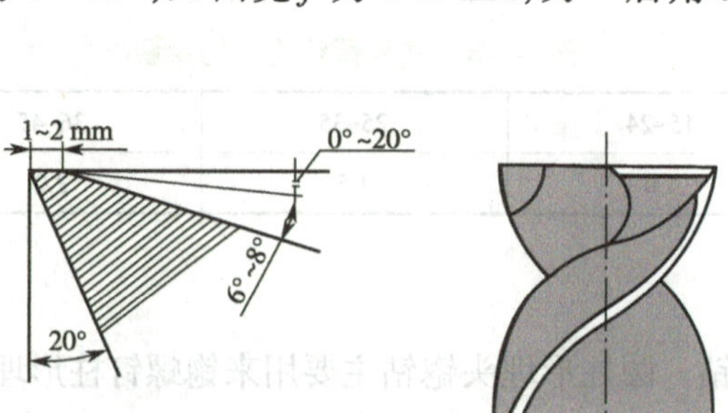

图 2-4-20 磨平底锪钻

注意:锪平底孔时,必须先用普通麻花钻扩出一个台阶孔作导向,然后再用平底锪钻锪至所需深度，即按“一钻、二扩、三锪”的顺序进行，如图 2-4-21 所示。

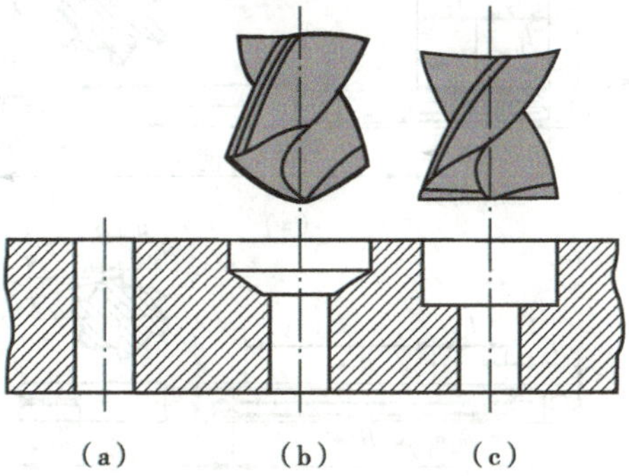

图 2-4-21　锪平底孔
(a)一钻　(b)二扩　(c)三锪

(6)锪孔要点及注意事项如下。

①尽量选用较短的钻头，保证改制后钻头切削刃高低一致，角度对称，以减小加工时的振动。

②保证底孔与锪钻同轴，工件要装夹牢固。

③要适当减小锪钻的后角和外缘处的前角，以防扎刀、振动或出现多边形。

④锪孔时的切削速度一般为钻孔时的 1/3~1/2。同时，由于锪孔加工的轴向抗力较小，所以手进给压力不宜过大，进给要均匀。精锪时，可利用钻床停车后主轴的惯性来锪孔，以减小振动而获得光滑表面。锪钢件时，因切削热量较大，需在切削表面上加注切削液。

⑤为控制锪孔深度，应经常测量，必要时，可定位机床标尺来确保锪孔深度。

(7)倒角。孔口处倒角可以用直径较大的麻花钻完成。倒角尺寸可通过钻床的刻度控制。精度不高时，可以通过目测粗略判断。

10. 铰孔

用铰刀对已经粗加工的孔进行精加工的操作称为铰孔。铰孔的加工精度一般可达 IT9~IT7，手铰可达 IT6，表面粗糙度 *Ra* 值可达 1.6~0.8 μm。

1)铰刀的种类

由于铰刀使用范围很广，所以铰刀的种类也比较多，按使用方式可分为手用铰刀和机用铰刀 2 种；按铰刀结构可分为整体式铰刀、套式铰刀和调节式铰刀 3 种。整体式铰刀按齿数槽形式又分为直槽铰刀和螺旋槽铰刀 2 种；按切削部位材料可分为高速钢铰刀和硬质合金铰刀；按铰刀的用途可分为圆柱铰刀和锥度铰刀。

钳工常用的铰刀有整体式圆柱铰刀、整体式锥度铰刀和手用可调式铰刀 3 种，如图 2-4-22 所示。

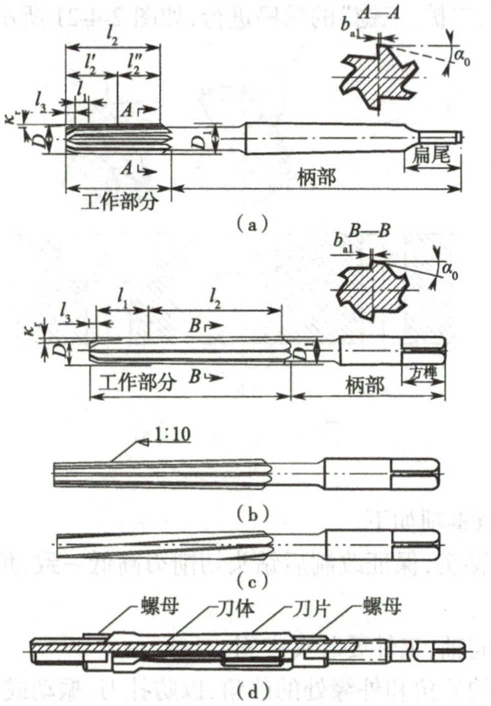

图 2-4-22　铰刀种类

(a)机用整体式圆柱铰刀　(b)手用整体式圆柱铰刀

(c)手用整体式螺旋槽圆柱铰刀　(d)手用可调式圆柱铰刀

2)铰刀工作部分的几何参数

铰刀工作部分最前端有 45° 的倒角(l_3 部分),使铰刀在开始切削时容易放入孔中,并起保护切削刃的作用。紧贴着倒角的是顶角(主偏角)为 $2\kappa_r$ 的切削部分(l_1 部分),切削部分的参数由切削条件确定。机用铰刀的切削部分比较短,主偏角 κ_r 比较大,铰削塑性材料时取 κ_r=15°;铰削脆性材料时取 κ_r=3°~5°。手用铰刀的主偏角比较小,一般取 κ_r=30′~1° 30′,手用铰刀的切削部分比较长,有较好的导向和定心作用,同时铰削时轴向力也比较小,铰削时比较省力。铰削不通孔时,为了使铰出孔的圆柱部分尽量长,应采用 κ_r=45° 的铰刀。

切削部分的后面是校准部分(l_2 部分)。机用铰刀的校准部分由圆柱段(l'_2 部分)和倒锥段(l''_2 部分)组成。倒锥段可以减轻校准部分与工件孔壁之间的摩擦,并防止铰刀在孔内倾斜而使孔径铰大。机用铰刀的倒锥量一般为 0.04~0.08 mm,手用铰刀的倒锥量一般为 0.005~0.008 mm。由于手用铰刀的倒锥量很小,故将整个校准部分都做成倒锥段,而不再做出圆柱段。

一般铰刀的前角 γ_0=0°,铰刀的后角一般取 α_0=6°~10°。铰刀切削部分的刀齿刃磨锋利且不留刃带,校准部分则留有后角为零的刃带。刃带起到挤压和导向作用,能够降低表面粗糙度。刃带宽度 $b_{\alpha l}$=0.15~0.3 mm。

机用铰刀一般由高速钢材料制造,手用铰刀由高速钢和高碳钢材料制造。工具厂制造的高速钢通用标准铰刀,一般均留有 0.005~0.02 mm 的研磨量,使用时按照所需尺寸研磨。出厂的铰刀分为 1 号、2 号、3 号。不经过研磨的新铰刀可直接用来铰削 H9、H10、H11 等级的孔。

3）铰孔方法

（1）铰削余量。铰削余量（直径）是否合适，对孔的铰削质量（表面粗糙度和尺寸精度）有很大的影响。如果余量太大，会加剧铰刀的磨损并产生比较高的切削热，影响铰削质量。如果余量太小，则不能全部去除上道工序留下的刀痕，达不到表面粗糙度要求。铰削余量的具体数值可参考表 2-4-7。在一般情况下，对 IT9、IT8 等级的孔可一次铰出；对 IT7 等级的孔，应分粗铰和精铰；对孔径大于 20 mm 的孔，可先钻孔，再扩孔，然后进行铰孔。

表 2-4-7　铰削余量

铰孔直径（mm）	≤6	6~18	18~30	30~50
铰削余量（mm/min）	0.05~0.1	一次铰：0.1~0.2 粗、精铰：0.1~0.15	一次铰：0.2~0.3 粗、精铰：0.1~0.15	一次铰：0.3~0.4 粗、精铰：0.15~0.25

（2）机铰切削速度 v 的选择。机铰时，为了获得较小的表面粗糙度，必须避免产生积屑瘤，减少切削热及变形，应取较小的切削速度。用高速钢铰刀铰钢件时 v=4~8 m/min；铰铸铁件时 v=6~8 m/min；铰铜件时 v=8~12 m/min。

（3）机铰进给量 f 的选择。铰钢件和铸铁件时，可取 f=0.5~1 mm/r；铰铜件、铝件时，可取 f=1~1.2 mm/r。

4）切削液的选择

铰削时必须选用适当的切削液来减少摩擦并降低刀具和工件的温度，防止产生积屑瘤并避免切屑细末黏附在铰刀刀刃上及孔壁和铰刀的刃带之间，达到减小加工表面的表面粗糙度与孔的扩大量的目的。选用切削液时可参照表 2-4-8。

表 2-4-8　铰削用切削液

加工材料	切削液
钢	（1）体积分数为 10%~20%的乳化液 （2）30%工业植物油加 70%的体积分数为 3%~5%的乳化液
铸铁	（1）不用 （2）煤油（但会引起孔径缩小） （3）体积分数 3%~5%的乳化液
铝	（1）煤油 （2）体积分数 3%~5%的乳化液
铜	体积分数 5%~8%的乳化液

5）手用铰刀的铰削方法

（1）工件要正确装夹，应尽可能使孔的轴线处于垂直或水平位置。

（2）双手握住铰杠柄，用力要平衡，要均匀旋转铰杠并均匀进给，以使孔壁获得较小的表面粗糙度。

（3）为防止铰刀轴心线发生偏移，也可在钻孔后立即在主轴内换上顶尖进行顶铰。

(4)铰削过程中,要变换每次停歇的位置,要避免在同一处停歇而形成振痕。

(5)铰刀不能反转,退出时也要边顺向旋转边向上提起铰刀。铰刀反转会使切屑卡在孔壁和主后刀面之间,将孔壁拉毛。铰刀反转也容易磨损刀刃,甚至导致崩刃。

(6)铰削钢料时,切屑碎末容易黏附在刀齿上,应注意经常退刀、清除切屑并及时注意切削液。

(7)铰削过程中,如果铰刀被卡住,不能猛力转动铰杠,以防止折断铰刀或发生崩刃,应谨慎退出铰刀,清除切屑和检查铰刀。

6)机用铰刀的铰削方法

(1)要选择适当的铰削余量、铰削速度和进给量。

(2)要保证钻床主轴、铰刀和工件孔三者的同轴度。

(3)开始铰削时,先采用手动进给,当切削部分进入孔内以后再改用自动进给。

(4)铰不通孔时,应经常退出铰刀,清除黏附在刀齿上的切屑碎末。

(5)铰通孔时,铰刀校准部分不能全部出头,以免将孔的出口处刮坏,避免发生难以退出铰刀的情况。

(6)铰削过程中,应及时注入足够的切削液,以清除黏附在刀齿上的切屑并降低温度。

(7)铰孔完成后,应退出铰刀后再停车,否则孔壁会被拉伤。

☑ 任务步骤

(1)分析图纸,按图纸要求划线。

(2)装夹并校正工件。

(3)利用样冲,定好样冲孔,保证位置准确。

(4)利用 $\phi5$ 钻头,钻预备孔。

(5)利用 $\phi9.8$ 钻头,扩孔。

(6)用 $\phi10H7$ 铰刀进行铰孔。

☑ 任务评价

<table>
<tr><td colspan="3">任务名称</td><td colspan="3"></td></tr>
<tr><td>班级</td><td colspan="2"></td><td>学号</td><td colspan="2"></td></tr>
<tr><td>姓名</td><td colspan="2"></td><td>日期</td><td colspan="2"></td></tr>
<tr><th>序号</th><th>考核项目</th><th>配分</th><th>评分标准</th><th>实测记录</th><th>得分</th></tr>
<tr><td>1</td><td>姿势正确</td><td>10</td><td>全部正确得 10 分，错一处扣 1 分</td><td></td><td></td></tr>
<tr><td>2</td><td>划线位置正确</td><td>10</td><td>符合标准得 10 分，错一处扣 1 分</td><td></td><td></td></tr>
<tr><td>3</td><td>钻头选择正确</td><td>10</td><td>全部满足要求得 10 分，错一处扣 1 分</td><td></td><td></td></tr>
<tr><td>4</td><td>钻孔方法正确</td><td>20</td><td>全部满足要求得 20 分，错一处扣 1 分</td><td></td><td></td></tr>
<tr><td>5</td><td>铰孔方法正确</td><td>20</td><td>全部满足要求得 20 分，错一处扣 1 分</td><td></td><td></td></tr>
<tr><td>6</td><td>倒角方法正确</td><td>10</td><td>全部满足要求得 10 分，错一处扣 1 分</td><td></td><td></td></tr>
<tr><td>7</td><td>工时（60 min）</td><td>10</td><td>未超时得 10 分，每超时 5 min 扣 1 分</td><td></td><td></td></tr>
<tr><td>8</td><td>安全与文明生产</td><td>10</td><td>满足要求得 10 分，出现问题不得分</td><td></td><td></td></tr>
<tr><td colspan="3">总计得分</td><td colspan="3"></td></tr>
<tr><td colspan="6">学生任务总结：</td></tr>
<tr><td colspan="6">教师点评：</td></tr>
</table>

任务 5　螺纹加工

螺纹加工分为内螺纹加工和外螺纹加工。内螺纹加工指利用一定的扭矩将丝锥旋入要钻的底孔中，加工出内螺纹，主要加工工具是丝锥和铰杠。外螺纹加工指利用一定的扭矩，用板牙在圆杆上加工出外螺纹，主要加工工具是板牙和铰杠。

子任务 5.1　内螺纹加工

☑ 任务内容

在图 2-5-1 所示的 60 mm × 60 mm × 10 mm 样板件上完成相应的内螺纹加工。

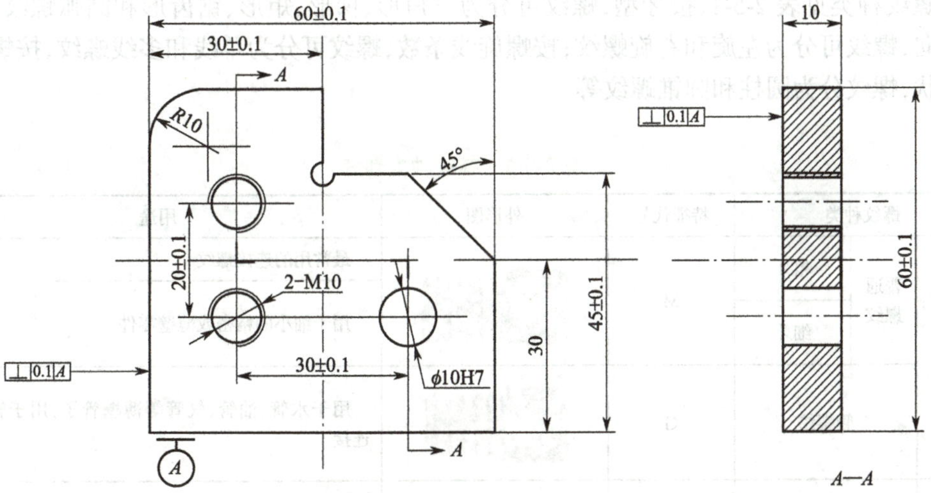

图 2-5-1　内螺纹加工图(mm)

☑ 任务目标

通过攻螺纹练习，掌握用丝锥加工内螺纹的方法。

☑ 任务准备

（1）材料准备：60 mm × 60 mm × 10 mm 样板件一块。
（2）工具准备：划线平板、样冲、手锤、铰杠、丝锥等。
（3）量具准备：螺纹塞规、高度游标卡尺、直角尺等。
（4）辅助工具：攻丝油、棉纱等。
（5）刀具准备：M10 丝锥、ϕ5 钻头、ϕ8.6 钻头等。

☑ 知识链接

1. 螺纹的作用

1)机械连接

通过螺母和螺栓之间的螺纹连接,可以将零件 1 和零件 2 紧固地连接到一起,使两个零件形成一个装配体。

2)传递运动和动力

通过转动平口钳上的手柄,带动螺纹丝杠做旋转运动,从而推动活动钳口向前或向后滑移,与固定钳口相配合,就能在平口钳上实现零件的夹紧或松开。

2. 螺纹种类

螺纹种类见表 2-5-1,按牙型,螺纹可分为三角形、梯形、矩形、锯齿形和圆弧螺纹;按螺纹旋向,螺纹可分为左旋和右旋螺纹;按螺旋线条数,螺纹可分为单线和多线螺纹;按螺纹母体形状,螺纹分为圆柱和圆锥螺纹等。

表 2-5-1 螺纹种类划分

螺纹种类			特征代号	外形图	用途
连接螺纹	普通螺纹	粗牙	M		最常用的连接螺纹
		细牙			用于细小的精密或薄壁零件
	管螺纹		G		用于水管、油管、气管等薄壁管子,用于管路的连接
传动螺纹	梯形螺纹		Tr	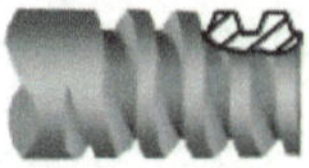	用于各种机床的丝杠,作传动用
	锯齿形螺纹		B		只能传递单方向的动力

3. 常用的螺纹切削液

常用的螺纹切削液见表 2-5-2。

表 2-5-2　常用的螺纹切削液

切削液	应用场合
机油	主要用于在钢制零件上攻螺纹
工业植物油	只用于加工质量较高的螺纹
煤油	主要用于在铸铁零件上攻螺纹

4. 底孔直径计算

底孔直径计算见表 2-5-3。

表 2-5-3　底孔直径计算

材料性质	底孔直径计算公式	备注
钢件等塑性较大的材料	$D_{钻}=D-P$	$D_{钻}$为攻螺纹时底孔用钻头直径（mm）；D 为螺纹大径（mm）；P 为螺距（mm）
铸铁等塑性较小的材料	$D_{钻}=D-(1.05\sim1.1)P$	

5. 螺纹加工工具

1）丝锥

丝锥是加工内螺纹的成形刀具，由 9SiCr 合金钢制造并经淬硬处理。按加工方式，丝锥分机用丝锥和手用丝锥；按螺纹种类，分普通三角螺纹丝锥、圆柱管螺纹丝锥和圆锥管螺纹丝锥，如图 2-5-2 所示。

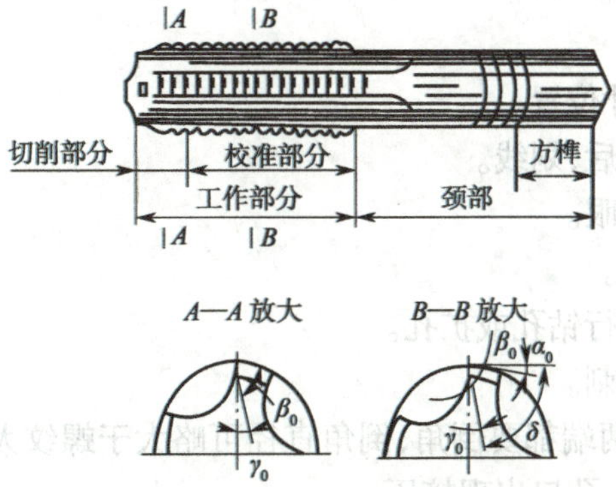

图 2-5-2　丝锥的结构

成组丝锥的选用：为了减少切削力和延长使用寿命，一般将整个切削工作量分配给几只丝锥来承担；通常 M6~M24 的丝锥每组有两支；M6 以下及以上的丝锥每组有三支；细牙螺纹丝锥为两支一组。

2）铰杠

铰杠是用来夹持丝锥的工具。常用的是可调式铰杠，旋动其右边手柄，可调节方孔大小,以便控制攻螺纹的施力(扭矩),防止丝锥折断。铰杠分普通铰杠和丁字铰杠两类。丁字铰杠主要用于加工工件凸台旁和机体内部的螺孔。铰杠又分固定式和活络式两种。固定式铰杠常用于攻 M5 以下的螺孔,活络式铰杠可以调节方孔尺寸,适用范围比较大。铰杠长度应根据丝锥尺寸选择,以便控制攻螺纹时的扭矩。丝锥直径小于或等于 6 mm 时,铰杠的长度宜为 150~200 mm;丝锥直径为 8~10 mm 时,铰杠的长度宜为 200~250 mm;丝锥直径为 12~14 mm 时,铰杠的长度宜为 250~300 mm;丝锥直径大于或等于 16 mm 时,铰杠的长度宜为 400~450 mm。铰杠的种类如图 2-5-3 所示。

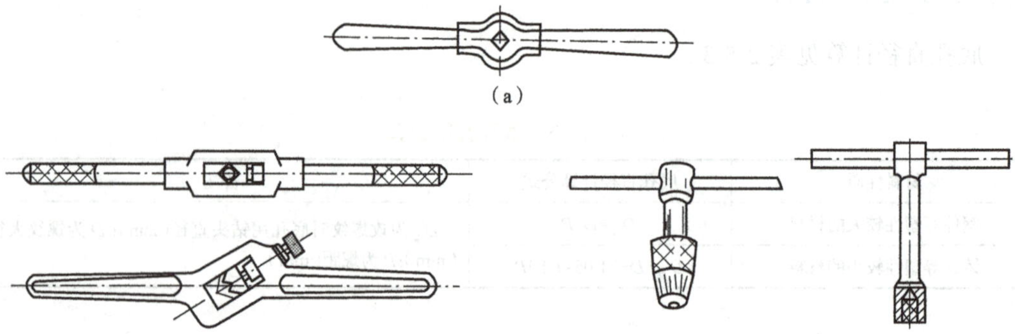

(a)

(b) (c)

图 2-5-3 铰杠的种类

(a)固定式铰杠 (b)活络式铰杠 (c)丁字铰杠

6. 攻丝的操作方法

手动攻螺纹因为操作方便、灵活、适应各种工作条件,所以在钳工生产与维修中得到了广泛应用,如图 2-5-4 所示。

(1)划线与钻底孔。

①分析图纸,确定尺寸位置。

②在工件上确定基准后,划线。

③在钻孔位置打样冲眼。

④用小钻头进行试钻。

⑤按图纸要求尺寸进行钻孔或扩孔。

⑥去除孔眼边缘的毛刺。

(2)孔口倒角。孔口两端都要倒角,倒角直径可略大于螺纹大径,这样可使丝锥开始切削时容易切入,并可以防止孔口出现挤压。

(3)用头锥起攻。一只手的手掌按住铰杠中部沿丝锥轴线用力加压,另一只手配合做顺向旋进。也可以用两只手握住铰杠两端均匀施加压力,并将丝锥顺向旋进,并保证丝锥中心线与孔中心线重合,不得歪斜。丝锥攻入一至两圈后,应及时从前后、左右两个方向用直角尺检查垂直度,并不断矫正直至符合要求。

(4)当丝锥切削部分全部进入工件时,就不要再施加压力了,而靠丝锥做自然旋进切削。这时,两手旋转用力要均匀,并要经常倒转 1/4~1/2 圈,使切屑碎断后容易排出,避免切屑阻塞而将丝锥卡住。

(5)攻螺纹时,必须以头锥—二锥—三锥的顺序攻削至标准尺寸。

(6)攻不通孔螺纹时,可在丝锥上做好深度标记,并要经常退出丝锥,以清除留在孔内的切屑,否则会因切屑阻塞而使丝锥折断或攻丝达不到深度要求。

(7)在韧性材料上攻螺纹时,要加切削液,以减小切削阻力,降低表面粗糙度及延长丝锥使用寿命。攻钢件时,用机油作为切削液;对螺纹质量要求比较高时,可用工业植物油;攻铸铁件时,用煤油。

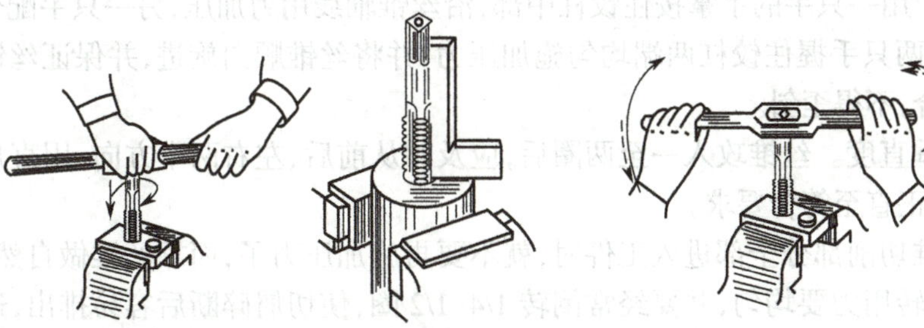

图 2-5-4　攻螺纹的步骤
(a)起攻方法　(b)检查方法　(c)攻制过程

7. 常见问题及原因分析

攻螺纹常见的问题及产生原因见表 2-5-4。

表 2-5-4　攻螺纹常见问题及产生原因

问题	产生原因
烂牙	(1)螺纹底孔直径太小,丝锥不易切入,使孔口烂牙; (2)使用二锥、三锥时,已切出的螺纹没有旋合好就强行攻削; (3)对塑性材料未加切削液或丝锥不经常倒转,而把已切出的螺纹啃伤; (4)头锥攻螺纹不正,用二锥、三锥时强行纠正; (5)丝锥磨钝或切削刃上粘有切屑; (6)丝锥铰杠掌握不稳,攻铝合金等强度较低的材料时,容易被切烂牙
滑牙	(1)攻盲孔时,丝锥已到底仍继续转; (2)在强度较低的材料上攻较小螺纹时,丝锥已切出螺纹仍继续加压,或攻完退出时铰杠转出
螺孔攻歪	(1)丝锥位置不正; (2)机攻时,丝锥与螺纹孔轴线不同轴
螺纹牙深不够	(1)攻螺纹前,底孔直径太大; (2)丝锥磨损
丝锥崩牙折断	(1)工件材料中夹有硬物等杂质; (2)断屑排出不良,产生切屑堵塞现象; (3)丝锥位置不正,单边受力太大或强行纠正; (4)两手用力不匀; (5)丝锥磨钝,切削阻力太大; (6)底孔直径太小; (7)攻盲孔螺纹时,丝锥已到底仍继续扳转; (8)攻螺纹时用力过猛

☑ 任务步骤

(1)按图划线。

(2)确定螺纹底孔直径。

(3)攻螺纹。

①攻螺纹前,首先要钻孔,也称钻底孔。攻 M10 内螺纹时,选用 $\phi8.6$ 钻头钻底孔。

②倒角。在底孔的端面用倒角器倒角,以便丝锥起攻。

③起攻。用一只手的手掌按住铰杠中部,沿丝锥轴线用力加压,另一只手配合做顺向旋进;也可以用两只手握住铰杠两端均匀施加压力,并将丝锥顺向旋进,并保证丝锥中心线与孔中心线重合,不得歪斜。

④检查垂直度。丝锥攻入一至两圈后,应及时从前后、左右两个方向,用直角尺进行检查,并不断矫正直至符合要求。

⑤当丝锥切削部分全部进入工件时,就不要再施加压力了,而靠丝锥做自然旋进切削。这时,两手旋转用力要均匀,并要经常倒转 1/4~1/2 圈,使切屑碎断后容易排出,避免切屑阻塞而将丝锥卡住。

⑥检查。用螺纹塞规测量内螺纹的尺寸精度。在测量螺纹时,如果塞规通端正好拧进去,而止端拧不进,说明螺纹精度符合要求。

操作提示如下。

(1)端面孔口要倒角,划出的线条要细而清晰,保证打样冲眼的准确性。

(2)开始攻螺纹时,要施加轴向压力使丝锥切入工件。切入几圈以后就不需要施加压力了,否则切出的螺纹牙形变瘦,甚至发生烂牙,丝锥也容易崩刃。

(3)手动攻螺纹时,当丝锥的校准部分已进入螺孔时,每正转 1/2~1 圈要倒退 1/4~1/2 圈,使切屑碎断并排出后再往下攻。在攻塑性材料、深孔和不通孔时,更要注意这一点。

(4)在钢类工件上攻螺纹时,需要加切削液;加工较硬的铸铁工件或对螺孔的表面粗糙度要求较高时,可以加煤油。

(5)用完头锥,然后用二锥、三锥时必须用手将丝锥旋入螺孔,然后再用铰杠,防止乱扣导致烂牙,机攻螺纹时情况类似。

☑ 任务评价

任务名称					
班级			学号		
姓名			日期		
序号	考核项目	配分	评分标准	实测记录	得分
1	姿势正确	10	全部正确得 10 分，错一次扣 1 分		
2	用划线工具准确划出各圆心位置	10	全部正确得 10 分，错一次扣 1 分		
3	钻头选择正确	10	全部正确得 10 分，错一处扣 1 分		
4	用丝锥攻螺纹方法正确	30	方法错误全部扣除		
5	用螺纹塞规检测螺纹	20	检验不合格，错一处扣 5 分		
6	工时（60 min）	10	未超时得 10 分，每超时 5 min 扣 1 分		
7	安全与文明生产	10	满足要求得 10 分，出现问题不得分		
总计得分					

学生任务总结：

教师点评：

子任务 5.2 外螺纹加工

☑ 任务内容

在图 2-5-5 所示的螺杆工件上完成相应的外螺纹加工。

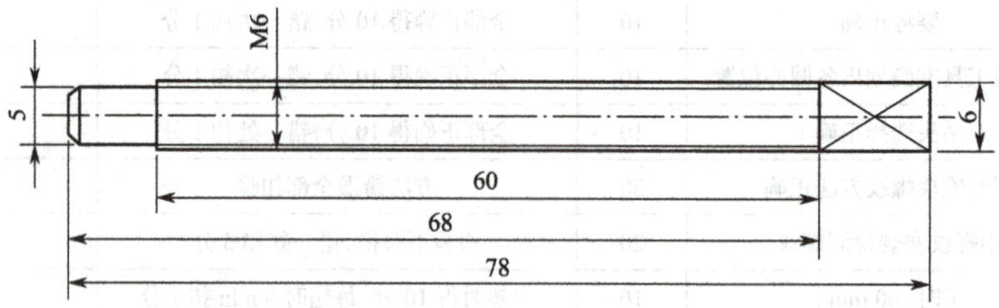

图 2-5-5 螺杆工件图(mm)

☑ 任务目标

(1)掌握套螺纹前圆杆直径计算及外螺纹加工方法。

(2)通过训练使学生掌握螺纹量具的使用方法及套螺纹的正确方法。

☑ 任务准备

(1)材料准备:ϕ6 mm × 78 mm 的 45#钢圆棒料。

(2)工具准备:台虎钳、M6 板牙、板牙架。

(3)量具准备:钢直尺、高度游标卡尺、直角尺等。

(4)辅助工具:攻丝油、棉纱等。

☑ 知识链接

1. 板牙

板牙(图 2-5-6)是加工外螺纹的刀具,由 9SiCr 合金钢制造并经淬硬处理。板牙由切削部分、定径部分、排屑孔组成。切削部分是板牙螺纹孔两端的锥形部分,角度为 60°;定径部分起修光和导向作用;排屑孔的作用是排出切屑。板牙外圆有一条深槽和四个锥坑,锥坑用于定位和固定板牙,当板牙定径部分磨损后,可用锯片砂轮沿深槽将板牙割开,借助调整螺钉将板牙直径缩小。

1)板牙的组成

Ⅰ. 切削部分

切削部分在板牙两端,都有切削锥,可以两面使用。

Ⅱ. 校准定径部分

板牙的校准部分起修光和导向作用。校准部分会因为磨损,使螺纹尺寸变大,超出尺寸公差范围。

Ⅲ. 排屑孔

在板牙上面钻有几个排屑孔，用于排屑。

2）板牙架

板牙架（图 2-5-7）是安装板牙、传递扭矩的工具。

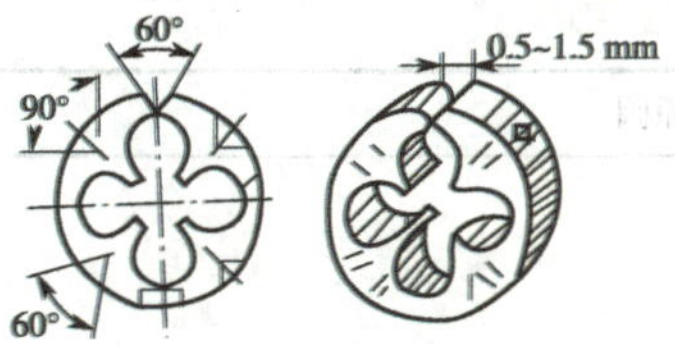

图 2-5-6　板牙

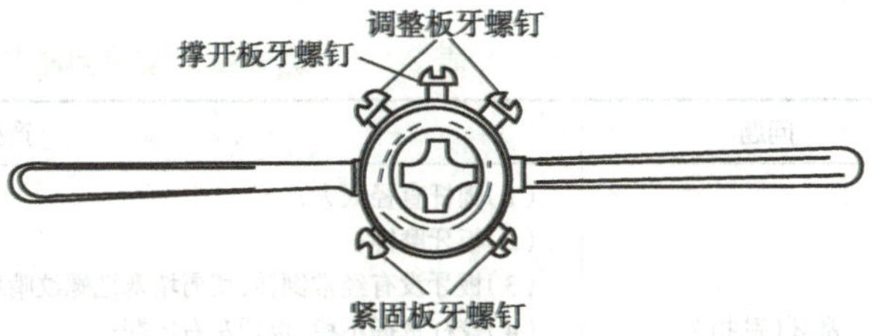

图 2-5-7　板牙架

3）套螺纹前圆杆直径的确定

与丝锥攻螺纹一样，用板牙在工件上套螺纹时，材料同样因收受挤压而变形，牙顶将被挤高一些。所以，套螺纹前圆杆直径应稍小于螺纹大径，一般套螺纹前圆杆直径的计算公式为

$$d_{杆}=d-0.13p$$

式中　$d_{杆}$——套螺纹前圆杆直径（mm）；

d——螺纹大径（mm）；

p——螺距（mm）。

2. 质量检测

普通螺纹的质量由多个参数要素决定，有两类检测方法：综合检验和单项检验。

综合检验指用量规对影响螺纹互换性的几何参数偏差的综合结果进行检验，包括：使用普通螺纹量规和止规分别对被测螺纹的作用中径（含底径）和单一中径进行检验；使用光滑极限量规对被测螺纹的实际顶径进行检验。

螺纹量规的通规模拟被测螺纹的最大实体牙型，用于检验被测螺纹的作用中径是否超过其最大实体牙型的中径，并同时检验底径实际尺寸是否超过其最大实体尺寸。

3. 检验方法

如果被测螺纹能够与螺纹通规旋合通过，且与螺纹止规不完全旋合通过（螺纹止规只允许与被测螺纹两端旋合，旋合量不得超过两个螺距），就表明被测螺纹的作用中径没有超过其最大实体牙型的中径，且单一中径没有超出其最小实体牙型的中径，那么就可以保证旋合性和连接强度。此时，被测螺纹的中径合格，否则不合格。

螺纹中径就是螺纹的公称直径，即一般所说的螺纹“M××”中的“××”代表的数值，它是一个介于大径（外螺纹为牙顶的直径，内螺纹为牙底直径）和小径（同大径含义相反）之间的直径。

最大实体牙型就是螺纹的牙型制造出来能达到的最大实体，即与理论设计尺寸相比，在误差范围内实际加工能制造出的且在体积上能达到的最大值的状态。

轴类零件(外螺纹)的最大实体尺寸体现在直径上,就是轴直径大于设计尺寸;孔类零件(内螺纹)的最大实体尺寸体现在直径上,就是孔的直径小于设计尺寸。

4. 常见问题及分析

套螺纹的常见问题及产生原因见表 2-5-5。

表 2-5-5　套螺纹的常见问题及产生原因

问题	产生原因
乱牙(乱扣)	(1)圆杆直径太大; (2)板牙磨钝; (3)板牙没有经常倒转,切屑堵塞把螺纹啃坏; (4)铰杠掌握不稳,板牙左右摇摆; (5)板牙歪斜太多而强行修正; (6)板牙切削刃粘有切削瘤; (7)没有选用合适的切削液
螺纹歪斜	(1)圆杆端面倒角不好,板牙位置难以放正; (2)两手用力不均匀,铰杠歪斜
螺纹牙深不够	(1)圆杆直径太小; (2)板牙 V 形槽调节不当,直径太大

5. 操作提示

(1)每次套螺纹前,应将板牙排屑槽内及螺纹内的切屑清除干净。

(2)套螺纹前,要检查圆杆直径大小和端部倒角。

(3)套螺纹时的切削扭矩很大,易损坏圆杆的已加工面,所以应使用硬木制成的 V 形槽衬垫或用厚铜板作为保护片来夹持工件。在不影响螺纹要求长度的前提下,工件伸出钳口的长度应尽量短。

(4)在钢制圆杆上套螺纹时,要加切削液,以减少螺纹表面粗糙度和延长板牙寿命。一般使用加浓的乳化液或机油,要求较高时使用二硫化钼润滑脂。

☑ 任务步骤

(1)用游标卡尺检测螺杆直径尺寸是否合格,应为 $\phi5.8$~$\phi5.9$ mm。

(2)用台虎钳装夹工件。套螺纹时的切削力矩较大且工件都为圆杆,一般要用 V 形夹块装夹,或用厚铜板作为衬垫,才能保证夹紧。

(3)套螺纹的圆杆端部倒角为 15°~40°,便于切入,否则会造成套丝歪斜。套丝前,将圆杆夹正,夹牢。工件伸出钳口的长度,在不影响螺纹要求长度的前提下,应尽量短些。套螺纹与攻螺纹相似,板牙端面应与圆杆垂直,操作时双手用力要均匀。开始转动板牙时,要稍加压力,套入三四扣后,可转动不加压力,并经常反转,以便断屑。为延长板牙寿命,提高螺纹质量,套螺纹时适当加切削液。

☑ 任务评价

任务名称					
班级			学号		
姓名			日期		
序号	考核项目	配分	评分标准	实测记录	得分
1	三个位置垂直度找正误差≤0.4 mm	15	全部正确得15分,错一次扣5分		
2	三个位置尺寸基准线误差≤0.6 mm	15	全部正确得15分,错一次扣5分		
3	划线尺寸要求±0.3 mm	10	全部满足要求得10分,错一处扣1分		
4	线条清晰	10	全部满足要求得10分,错一处扣1分		
5	方法、姿势正确	10	全部满足要求得10分,错一处扣1分		
6	样冲眼位置分布合理	20	全部满足要求得20分,错一处扣1分		
7	工时(60 min)	10	未超时得10分,每超时5 min扣1分		
8	安全与文明生产	10	满足要求得10分,出现问题不得分		
总计得分					
学生任务总结:					
教师点评:					

激情燃烧的“80后”水文人

在刚跨入大学校门时,长江水文局的“技术达人”罗兴对水文一无所知,如今他已经成长为一名优秀的长江水文人,担任长江中游水文水资源勘测局副局长。

罗兴的工作地点是洞庭湖畔的岳阳水文水资源勘测队,该队管辖着长江流域上两个重要国家基本水文站——城陵矶(七里山)水文站、螺山水文站。这两个水文站主要承担着长江流域中下游的防汛测报、水资源管理、水环境监测、水生态修复与保护的任务。

在刚参加工作的时候,罗兴全力投入工作,白天虚心向身边的前辈们请教,通过多听、多想、多做,不断加强学习;晚上继续翻阅从学校带来的专业书籍,学习仪器设备原理。

工作一段时间后罗兴发现,螺山水文站处的江面宽达 1 600 多米,每次测流都需 4 个小时左右。为了精简测次,他和同事们一起开展单值化分析试算,使螺山水文站在 2009 年成为长江上第一个实现流量单值化的水文站,每年流量测次减少到 30 余次。这项技术获得了“长江水文技术创新一等奖”。

同年,上级单位为螺山水文站配发了一台进口的 Trimble(天宝)GPS 罗经,该仪器能够提高流量测量精度。为了使仪器早日发挥功用,罗兴和同事又马不停蹄地开展比测。由于在当时并没有该仪器的使用前例可循,为了摸索仪器使用方法,罗兴对照着英汉字典,将仪器随带光盘中的英文用户指南,逐字逐句翻译。尽管翻译结果有些生硬,但是使用方法在他脑海中逐渐成形。

罗兴曾谦虚地说道:“对于像我这样刚过而立之年的“80”后来说,所取得的任何一项荣誉都离不开工作单位对我的培养和关怀。成绩是鞭策,更是一种鼓励。我将一如既往地努力学习,践行长江水文人对长江绿色发展的承诺。”

项目 3　实操训练

实操训练是在完成各实训任务后，利用所学的知识进行工件加工，要求学生独立加工完成每个零件，使学生了解钳工的工艺知识，理解加工镶配件的基本原则，掌握控制平面精度和配件间隙的方法，使学生巩固和提升锉削、锯削、钻孔、攻螺纹等基本技能，并能够正确使用量具进行相关项目的检测。

钳工基本操作项目较多，各项技能的学习掌握之间具有一定的关系，因此，要求学生循序渐进由易到难，由简单到复杂，一步一个脚印地按要求学习好、掌握好每项操作。基本操作不是单调、简单的体力劳动，而是技术知识、技能技巧和力量的结合，不能偏废任何一方面。在各项基础训练中，要自觉遵守纪律，吃苦耐劳，以坚强的意志坚持不懈、反复磨炼，才能成功地完成钳工基本操作项目的学习。

任务 1　基础训练——制作角度样板件

☑ 任务内容

在 65 mm × 65 mm × 10 mm 钢板上完成如图 3-1-1 所示的角度样板件加工。

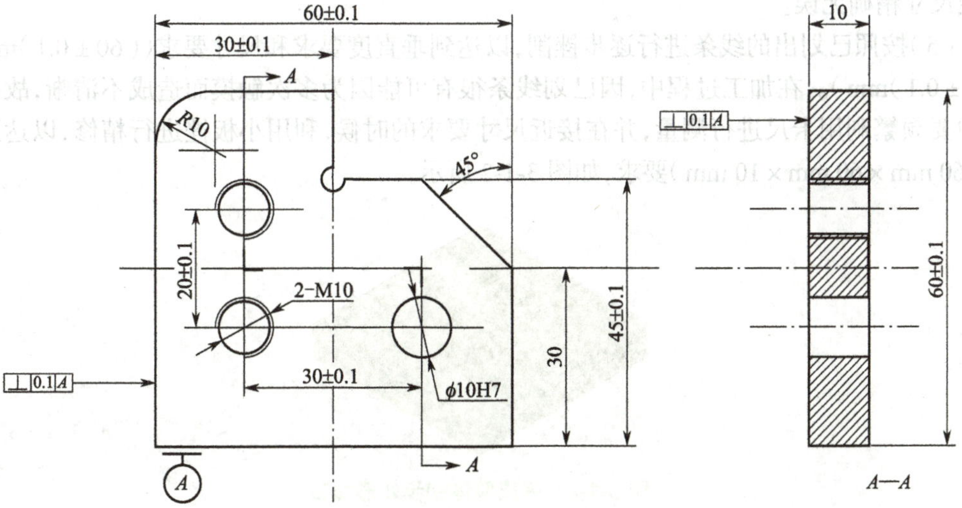

图 3-1-1　角度样板件（mm）

☑ 任务目标

(1)掌握四边形工件的加工工艺及方法

(2)能按照垂直度、平行度的要求进行锉削,并达到工件尺寸公差要求。

(3)掌握孔的加工方法。

☑ 任务准备

(1)材料准备:65 mm × 65 mm × 10 mm 毛坯钢板一块。

(2)工具准备:手锯(含锯条)、12 寸(300 mm)粗板锉、组锉、ϕ4 麻花钻、ϕ8.6 麻花钻、ϕ9.8 麻花钻、M10 丝锥、ϕ10H7 铰刀、ϕ2 麻花钻。

(3)量具准备:刀口直尺、直角尺、游标卡尺等。

☑ 任务步骤

(1)检查毛坯尺寸。毛坯的尺寸为 65 mm × 65 mm × 10 mm,材料为 45#钢。

(2)选择任意一个侧边,按图纸要求用 12 寸粗板锉加工后,改中、细纹锉,利用直角尺检查加工后的侧边,要求平直、光滑。

(3)以已加工侧边为基准,选择相邻边进行加工,同样以上述方法加工后,利用直角尺检查,要求平直、光滑,且与基准边垂直。

(4)用金属墨水涂抹两个大表面;等待自然风干后,在涂有金属墨水的表面以已加工的两条侧边为基准在 60 mm 处划出线条(2 处),并利用游标卡尺在划线后进行检查,以保证划线尺寸精确无误。

(5)按照已划出的线条进行逐步锉削,以达到垂直度要求和尺寸要求((60 ± 0.1)mm × (60 ± 0.1)mm)。在加工过程中,因已划线条很有可能因为多次触摸而造成不清晰,故在加工中要频繁利用卡尺进行测量,并在接近尺寸要求的时候,利用小板锉进行精修,以达到尺寸(60 mm × 60 mm × 10 mm)要求,如图 3-1-2 所示。

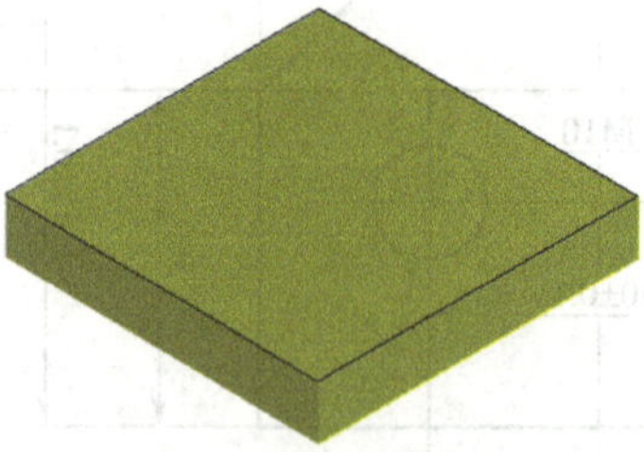

图 3-1-2 完成整体初步外形加工

(6)利用游标卡尺对工件尺寸进行精确测量,然后划线,再锉削加工 R15 圆弧,使圆弧半径符合图纸要求,如图 3-1-3 所示。

图 3-1-3　完成圆弧部分加工

（7）利用游标卡尺对工件尺寸进行精确测量，然后划线，再锯削加工斜面，如图 3-1-4 所示。

图 3-1-4　完成锯削斜面加工

（8）利用高度游标卡尺对工件尺寸进行精确测量，划出中心线；在中心线基础上加减 10 mm，划出两个螺纹孔的中心位置；在中心线基础上加 15 mm，划出通孔中心位置。在划线后，一定要反复用游标卡尺进行测量确认。利用样冲在以上划线的 3 个孔中心位置，打好样冲眼，保证打眼位置准确，如有偏差可以向反方向调整，待位置准确后，将样冲垂直向下重新钉大以覆盖原有样冲眼。划线及打样冲孔结果如图 3-1-5 所示。

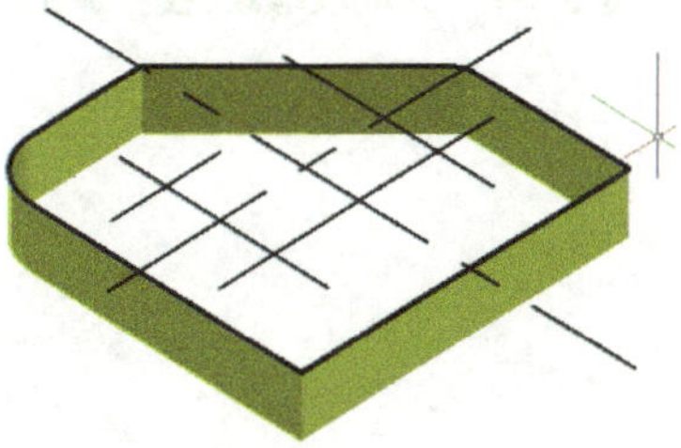

图 3-1-5　完成工件划线及打样冲孔

（9）利用 $\phi4$ 钻头，在已打样冲孔的位置进行预孔钻削加工，在钻削时要注意钻头接触工件表面的垂直度，保证垂直后方可向下钻削。在钻削过程中，每次钻 1 mm 后排屑一次，直至将孔钻透。用 $\phi8.6$ 钻头对所有加工过的孔进行扩孔，并用 $\phi9.8$ 钻头加工 $\phi10H7$ 销钉孔的预孔。钻孔加工后的结果如图 3-1-6 所示。

图 3-1-6 完成钻孔加工

(10)采用 M10 丝锥对两个加工过的 ϕ8.6 孔进行攻丝。在攻丝过程中,需要加入润滑油。在攻丝时,应按照顺时针方向进行攻丝,在遇到阻碍时可向逆时针方向退一圈,进行断屑,再继续以顺时针方向攻丝,直至丝锥穿透工件。采用 ϕ10H7 铰刀对已加工的 ϕ9.8 孔进行铰孔加工。在铰孔时,应使用润滑油并一定要按照顺时针方向铰孔,直至铰刀穿透工件。铰孔加工后的结果如图 3-1-7 所示。

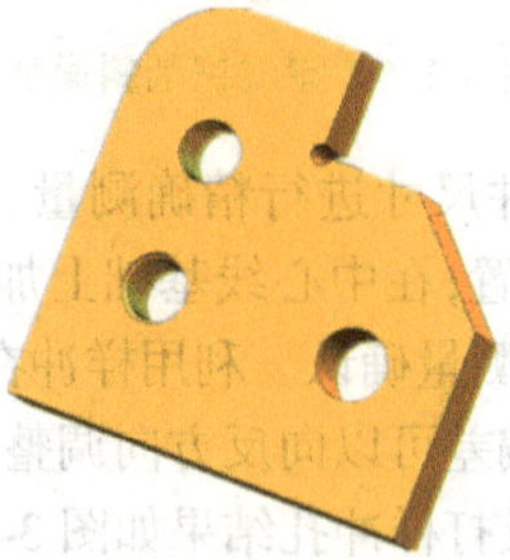

图 3-1-7 完成攻螺纹、铰孔加工

☑ 任务评价

任务名称					
班级			学号		
姓名			日期		
序号	考核项目	配分	评分标准	实测记录	得分
1	划线(60 ± 0.1)mm(2 处)	20	每超差 0.01 mm 扣 1 分		
2	划线(45 ± 0.1)mm	10	每超差 0.01 mm 扣 1 分		
3	划线(30 ± 0.1)mm	10	每超差 0.01 mm 扣 1 分		
4	*R*10	5	未加工不得分		
5	平面度(2 处)	10	1 处超差扣 5 分		
6	基准角垂直度	10	超差不得分		
7	划线(20 ± 0.1)mm	5	每超差 0.01 mm 扣 1 分		
8	划线(30 ± 0.1)mm	5	每超差 0.01 mm 扣 1 分		
9	M10(2 处)	10	1 处未加工扣 5 分		
10	ϕ10H7	5	未加工不得分		
11	遵守纪律、文明生产	10	违规不得分		
总计得分					
学生任务总结：					
教师点评：					

任务 2　基础训练——制作手锤

☑ 任务内容

用 22 mm × 22 mm × 105 mm 方钢完成如图 3-2-1 所示的手锤锤头加工。

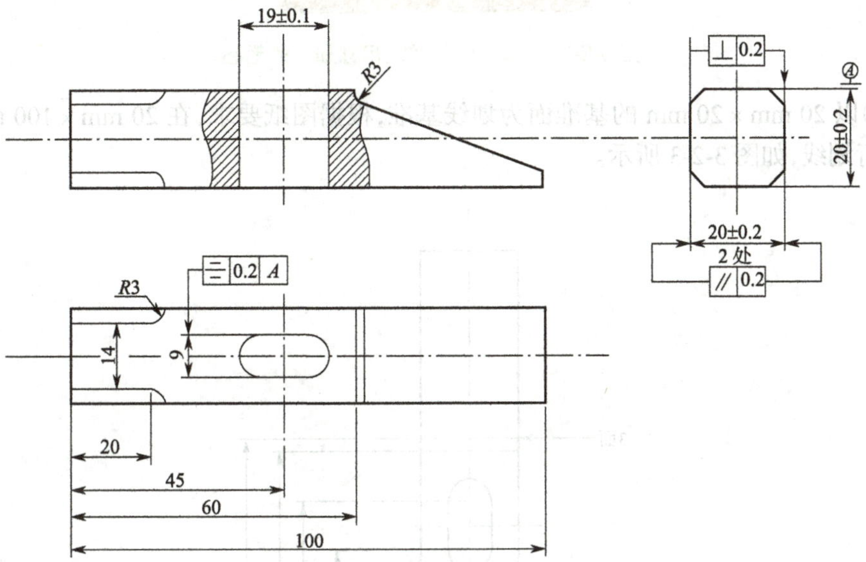

图 3-2-1　手锤锤头（mm）

☑ 任务目标

（1）提高钳工相关技能。

（2）掌握避免划线误差的方法。

（3）提高锯削、锉削加工精度。

（4）掌握钳工常用的工量具的使用方法。

☑ 任务准备

（1）材料准备：22 mm × 22 mm × 105 mm 方钢一块。

（2）工具准备：手锯（含锯条）、12 寸（300 mm）粗板锉、组锉、样冲、手锤、ϕ4 麻花钻、ϕ9 麻花钻。

（3）量具准备：刀口直尺、直角尺、游标卡尺等。

☑ 任务步骤

（1）检查方钢尺寸是否满足加工需要。

（2）粗、精加工三个相互垂直的平面，作为基准面。三个相互垂直的基准面组成基准角。

(3)以组成基准角的三个基准面为划线基准,划出 20 mm × 20 mm × 100 mm 毛坯的尺寸线。

(4)根据所划线,对毛坯件进行粗、精加工,直至样件满足图纸尺寸要求。

注:三个基准面尺寸分别为 20 mm × 20 mm、20 mm × 100 mm、20 mm × 100 mm;后续加工中,不可再对基准面进行加工。外形划线和尺寸加工的结果如图 3-2-2 所示。

图 3-2-2 完成外形划线、尺寸加工的毛坯

(5)以 20 mm × 20 mm 的基准面为划线基准,根据图纸要求,在 20 mm × 100 mm 基准面上进行划线,如图 3-2-3 所示。

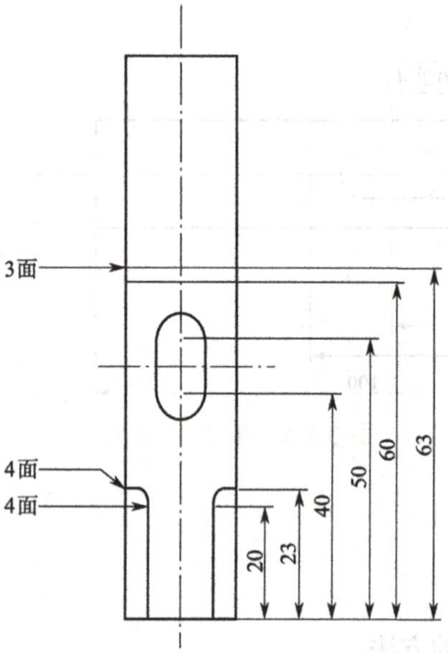

图 3-2-3 完成工件划线(mm)

(6)以 20 mm × 100 mm 基准面为划线基准,划出 4 个 4 × 45° 倒角的尺寸参考线。根据图纸要求,以工件实际尺寸的一半划出中心线。在中心线与 40 mm、50 mm 线的交点处打样冲眼,如图 3-2-4 所示。

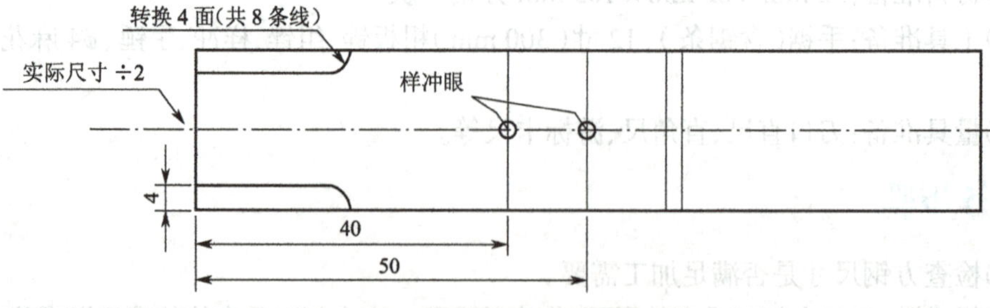

图 3-2-4 完成倒角部分划线(mm)

（7）以 20 mm × 100 mm 基准面为划线基准，划出 3 mm、17 mm 尺寸线，使用钢直尺与划针将两交点相连，结果如图 3-2-5 所示。注：划 3 mm、17 mm 尺寸线时，需在两面上都划出，以便检查参考。

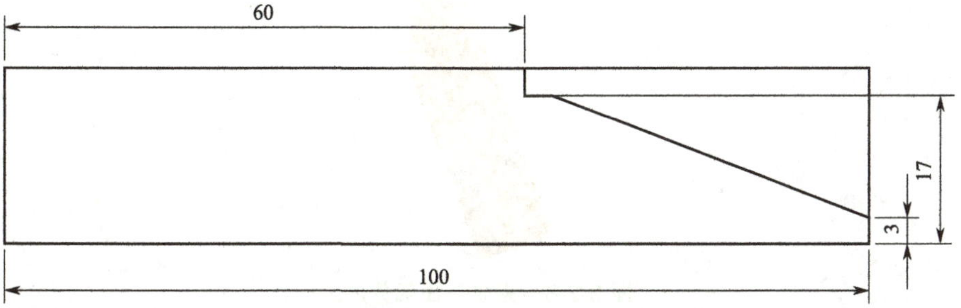

图 3-2-5　完成斜面部分划线（mm）

（8）将工件 45° 夹持在台虎钳上，使用 $\phi 6$ 圆锉锉削圆角，注意尺寸精度（共 4 处），使用小板锉锉削平面，使平面与圆角相接，注意尺寸精度（共 4 处），如图 3-2-6 所示。

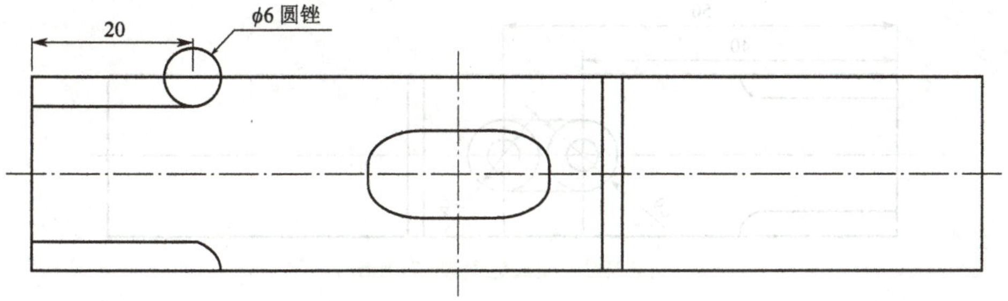

图 3-2-6　完成倒角部分加工（mm）

（9）将工件夹持在台虎钳上，使用 $\phi 6$ 圆锉进行粗、细锉削，注意尺寸精度，如图 3-2-7 所示。

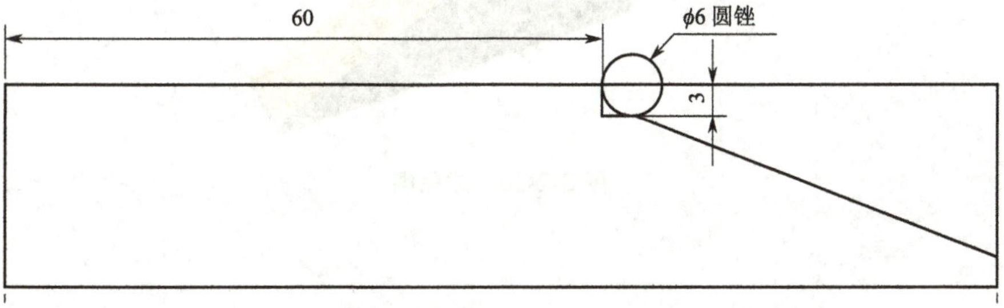

图 3-2-7　完成斜面圆弧加工（mm）

（10）倾斜工件，将所划斜线与虎钳钳口垂直摆放，使用手锯沿斜线进行锯削，使用板锉对锯削表面进行锉削，直至尺寸达到图纸要求，如图 3-2-8 所示。

图 3-2-8　完成斜面部分加工

(11)在样冲眼位置打孔,使用 $\phi4$ 钻头加工预孔;使用 $\phi9$ 钻头扩孔;使用 $\phi6$ 圆锉将两孔锉通,并利用小板锉进行加工,使两个 $\phi9$ 孔相切,如图 3-2-9 所示。

注:钻孔加工时严禁佩戴手套。

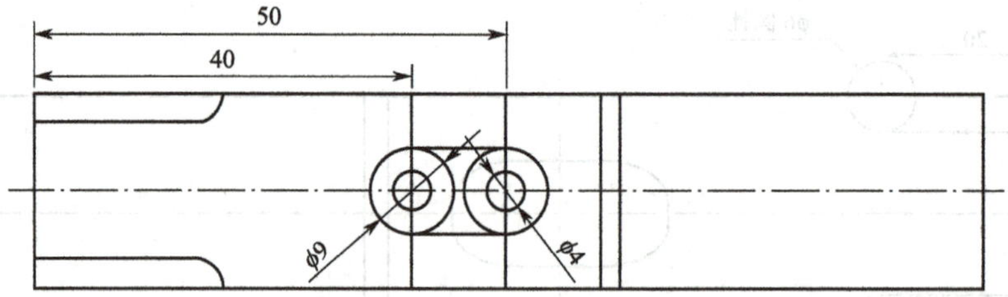

图 3-2-9　完成钻孔加工(mm)

(12)根据图纸尺寸,对工件进行精加工,直至满足尺寸要求,如图 3-2-10 所示。

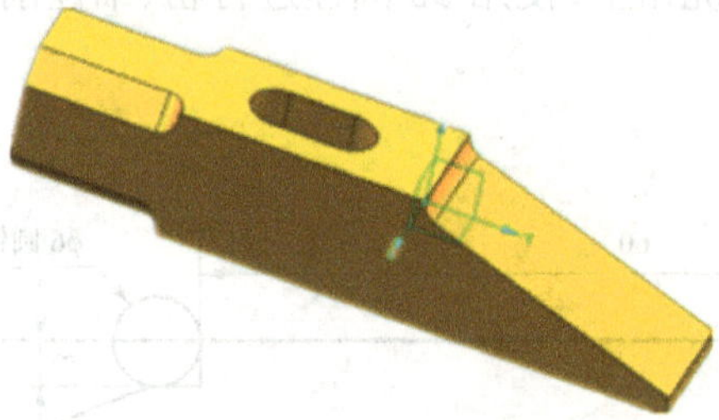

图 3-2-10　成品图

☑ 任务评价

任务名称					
班级			学号		
姓名			日期		
序号	考核项目	配分	评分标准	实测记录	得分
1	划线(100 ± 0.2)mm	10	每超差 0.04 mm 扣 1 分		
2	划线(20 ± 0.2)mm(2 处)	10	每超差 0.04 mm 扣 1 分		
3	垂直度误差小于 0.2 mm(6 处)	18	每超差一处扣 3 分		
4	平行度误差小于 0.2 mm(3 处)	9	每超差一处扣 3 分		
5	对称度误差小于 0.2 mm(2 处)	6	每超差一处扣 3 分		
6	腰孔处(19 ± 0.2)mm	8	每超差 0.04 mm 扣 1 分		
7	*R*3 圆弧连接圆滑(4 处)	12	每不合格一处扣 3 分		
8	4 mm × 45° 倒角尺寸(4 处)	12	每不合格一处扣 3 分		
9	表面粗糙度 *Ra*3.2 μm	5	按规定评分		
10	安全与文明生产	5	按规定评分		
11	工时(60 min)	5	按规定评分		
总计得分					

学生任务总结：

教师点评：

任务 3　锉配训练——方圆门锉配件

☑ 任务内容

在 2 块 82 mm×32 mm×10 mm 钢板上完成如图 3-3-1 所示工件Ⅰ和Ⅱ的加工，使两个工件组成方圆门锉配件。

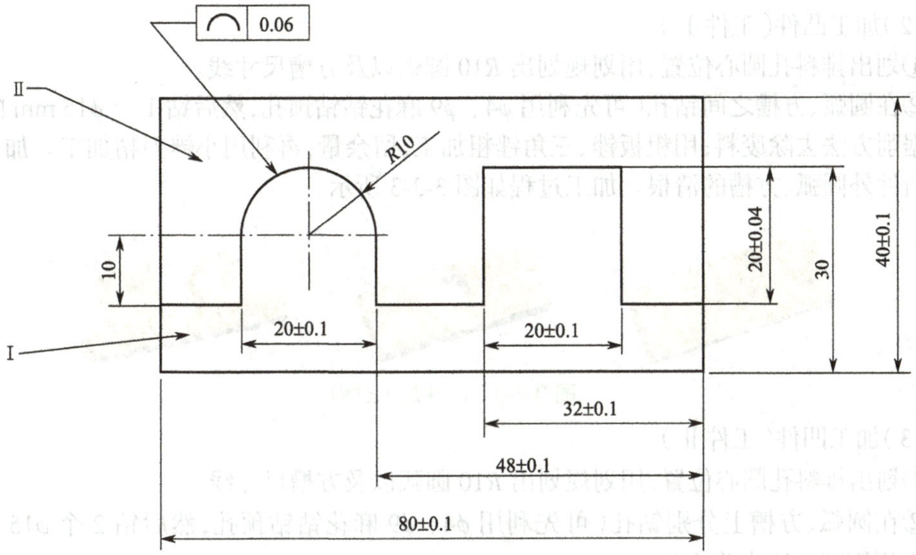

图 3-3-1　方圆门锉配件（mm）

☑ 任务目标

（1）提高四方体锉配、曲面锉配技能。

（2）了解影响锉配精度的因素，掌握锉配误差的检查方法、修正方法。

（3）掌握锉配工量具的使用。

☑ 任务准备

（1）材料准备：82 mm×32 mm×10 mm 钢板毛坯两块。

（2）工具准备：手锯（含锯条）、12 寸（300 mm）粗板锉、10 寸（250 mm）圆锉、10 寸三角锉、组锉、样冲、划规、手锤、$\phi4$ 麻花钻、$\phi9$ 麻花钻、$\phi15$ 麻花钻。

（3）量具准备：刀口直尺、直角尺、游标卡尺等。

☑ 任务步骤

（1）检查毛坯尺寸（82 mm×32 mm×10 mm），用 12 寸粗板锉进行基准角加工，以基准角为划线基准，画出 80 mm×30 mm 尺寸线。根据图纸要求，制作出 2 块 80 mm×30 mm×10 mm 的样件，如图 3-3-2 所示。

图 3-3-2　完成工件外形加工

（2）加工凸件（工件Ⅰ）。

①划出排料孔圆心位置，用划规划出 $R10$ 圆弧以及方槽尺寸线。

②在圆弧、方槽之间钻孔（可先利用 $\phi4$、$\phi9$ 麻花钻钻预孔，然后钻 1 个 $\phi15$ mm 的孔），再用锯削方法去除废料；用粗板锉、三角锉粗加工，留余量，再利用小锉刀精加工。加工重点是对凸件外圆弧、方槽的清根。加工过程如图 3-3-3 所示。

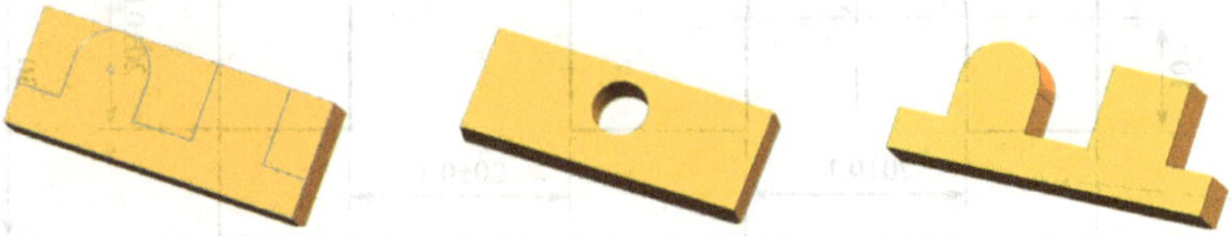

图 3-3-3　凸件加工过程

（3）加工凹件（工件Ⅱ）。

①划出排料孔圆心位置，用划规划出 $R10$ 圆弧以及方槽尺寸线。

②在圆弧、方槽上分别钻孔（可先利用 $\phi4$、$\phi9$ 麻花钻钻预孔，然后钻 2 个 $\phi15$ mm 的孔），再用锯削方法去除废料。

③用粗板锉、圆锉粗加工，留余量，利用小锉刀精加工。加工重点是对凹件内圆弧、方槽的清根操作。加工过程如图 3-3-4 所示。

图 3-3-4　凹件制作

（4）锉配。

精加工凸、凹件，达到要求尺寸。定位凹件，以凸件为准，对凹件进行锉配加工。配合间隙≤0.05 mm，用光隙法检查。加工成品如图 3-3-5 所示。

图 3-3-5　成品图

☑ 任务评价

<table>
<tr><td colspan="3">任务名称</td><td colspan="3"></td></tr>
<tr><td>班级</td><td colspan="2"></td><td>学号</td><td colspan="2"></td></tr>
<tr><td>姓名</td><td colspan="2"></td><td>日期</td><td colspan="2"></td></tr>
<tr><td>序号</td><td>考核项目</td><td>配分</td><td>评分标准</td><td>实测记录</td><td>得分</td></tr>
<tr><td>1</td><td>(80 ± 0.1)mm</td><td>10</td><td>每超差 0.02 mm 扣 1 分</td><td></td><td></td></tr>
<tr><td>2</td><td>R10</td><td>10</td><td>未做不得分</td><td></td><td></td></tr>
<tr><td>3</td><td>(20 ± 0.1)mm(2 处)</td><td>20</td><td>每超差 0.02 mm 扣 1 分</td><td></td><td></td></tr>
<tr><td>4</td><td>(20 ± 0.04)mm</td><td>10</td><td>超差不得分</td><td></td><td></td></tr>
<tr><td>5</td><td>(80 ± 0.1)mm</td><td>10</td><td>每超差 0.02 mm 扣 1 分</td><td></td><td></td></tr>
<tr><td>6</td><td>(20 ± 0.1)mm(2 处)</td><td>20</td><td>每超差 0.02 mm 扣 1 分</td><td></td><td></td></tr>
<tr><td>7</td><td>以工件 Ⅰ 为基准,锉配工件 Ⅱ。配合间隙≤0.05 mm</td><td>10</td><td>每超差 0.02 mm 扣 1 分</td><td></td><td></td></tr>
<tr><td>8</td><td>遵守纪律,文明生产</td><td>10</td><td>按规定评分</td><td></td><td></td></tr>
<tr><td colspan="3">总计得分</td><td colspan="3"></td></tr>
<tr><td colspan="6">学生任务总结:</td></tr>
<tr><td colspan="6">教师点评:</td></tr>
</table>

任务 4　锉配训练——锉配四方体

☑ 任务内容

在 65 mm × 65 mm × 10 mm 钢板上完成图 3-4-1 所示工件的加工。

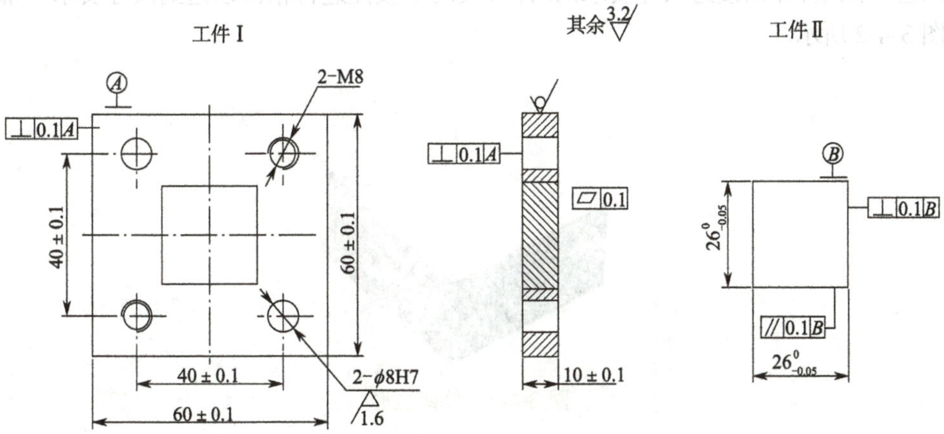

图 3-4-1　锉配四方体(mm)

☑ 任务目标

(1)掌握四边形工件的加工工艺及方法。

(2)能按照垂直度、平行度要求进行锉削加工,并使工件达到尺寸公差要求。

(3)掌握基本的锉配方法。

☑ 任务准备

(1)材料准备:65 mm × 65 mm × 10 mm 钢板一块,28 mm × 28 mm × 10 mm 钢板一块。

(2)工具准备:手锯(含锯条)、12 寸(300 mm)粗板锉、组锉、ϕ4 麻花钻、ϕ6.8 麻花钻、M8 丝锥、ϕ7.8 麻花钻、ϕ8 铰刀、ϕ10 麻花钻、ϕ22 麻花钻。

(3)量具准备:刀口直尺、直角尺、游标卡尺等。

☑ 任务步骤

(1)先制作内四边形(工件 II),内四边形毛坯尺寸为 28 mm × 28 mm。

(2)用 12 寸粗板锉进行粗加工,使用游标卡尺及刀口角尺检查加工尺寸及平直度,要求表面达到平整度及表面粗糙度要求。

(3)以已加工表面为基准,锉削相邻侧面,要求表面达到平整度以及表面粗糙度要求;要求表面与相邻已加工面垂直,并达到垂直度公差小于 0.1 mm 的要求。

(4)以已加工侧面为基准,锉削相邻侧面,要求表面平直、光滑,与相邻已加工面三面垂直，并达到垂直度公差小于 0.1 mm 的要求。

（5）用金属墨水涂抹已加工的两个大面，等待自然风干后，在涂有金属墨水的表面上以已加工两个侧边为基准划出 26 mm 位置的加工线（2 处），并利用游标卡尺在划线后进行检查，以保证划线尺寸精确无误。

（6）按照已划出的线进行逐步锉削，以达到垂直度要求和 $26_{-0.05}^{0}$ mm × $26_{-0.05}^{0}$ mm 尺寸要求。注意：在加工过程中，因已划线很有可能因为多次触摸而不清晰，故在加工中要频繁利用卡尺进行测量，并在接近尺寸要求的时候，改用小板锉进行精修以达到尺寸要求。加工结果如图 3-4-2 所示。

图 3-4-2　外四边形

（7）制作工件 A，先检查毛坯尺寸（62 mm × 62 mm × 10 mm），按图纸要求锉出 62 mm × 62 mm 的大面。

（8）用 12 寸粗板锉加工后，改中、细纹锉，利用直角尺检查。要求表面平直、光滑；以已加工表面为基准，加工出对面的另一个大面，同样以上述方法加工后，利用直角尺检查，要求表面平直、光滑。加工后，要求两个面的尺寸公差达到小于 0.1 mm 的要求。

（9）以已加工的两个大面为基准，锉削相邻侧面，要求表面平直、光滑，并与相邻已加工面垂直，并达到垂直度公差小于 0.1 mm 的要求。

（10）以已加工侧面为基准，锉削相邻侧面，要求表面平直、光滑，并与相邻已加工面三面垂直，并达到垂直度公差小于 0.1 mm 的要求。

（11）用金属墨水涂抹已加工的两个大面，等待自然风干后，在涂有金属墨水的表面上以已加工两个侧边为基准划出 60 mm 位置的加工线（2 处），并利用游标卡尺在划线后进行检查，以保证尺寸无误。

（12）按照已划出的线进行逐步锉削，以达到垂直度要求和（60 ± 0.1）mm ×（60 ± 0.1）mm 的尺寸要求。注意：在加工过程中，因已划线很有可能因为多次触摸而不清晰，故在加工中要频繁利用卡尺进行测量，并在接近尺寸要求的时候，利用小板锉进行精修以达到尺寸要求。加工结果如图 3-4-3 所示。

（13）利用游标卡尺对工件 I 尺寸进行精确测量；之后划出中心线，并在中心线基础上加减 20 mm，划出中心孔和其余四孔的位置；在划线后一定要反复用游标卡尺进行测量确认。

图 3-4-3　内四边形

（14）利用样冲在以上划线的 5 个孔中心位置打好样冲眼，保证打孔位置准确，如有偏差可以向反方向调整，待位置准确后，将样冲垂直向下重新钉大以覆盖原有样冲眼。打样冲眼结果如图 3-4-4 所示。

图 3-4-4　完成打样冲眼加工

（15）利用 $\phi4$ 钻头，在已打样冲眼位置钻削预孔。在钻削时要注意钻头接触工件表面的垂直程度，保证垂直后方可向下钻削。在钻削过程中，每钻进 1 mm 排一次屑，直至将孔钻透。

（16）利用 $\phi6.8$ 钻头对所有加工过的孔进行扩孔。然后采用 $\phi7.8$ 钻头对两对角孔进行扩孔。最后先采用 $\phi10$ 钻头对中间孔进行扩孔，再用 $\phi22$ 钻头对中间孔进行最后扩孔。钻孔结果如图 3-4-5 所示。

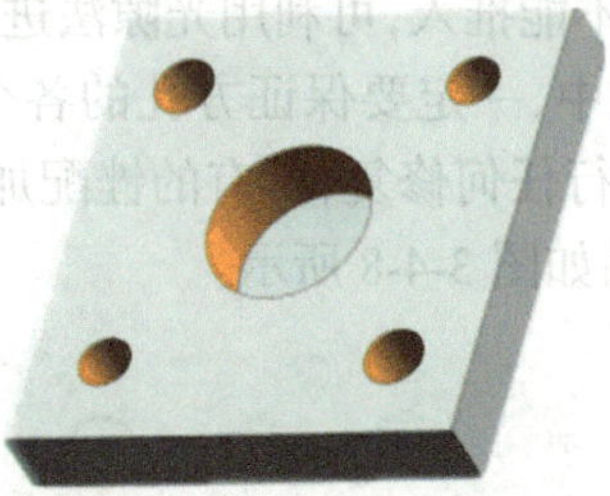

图 3-4-5　完成钻孔加工

（17）使用 M8 丝锥将加工过的两对 $\phi6.8$ 对角孔进行攻丝。在攻丝过程中，需要加入润滑油，并且应按照顺时针方向进行攻丝。在遇到阻碍时，可向逆时针方向退一圈进行断屑，再继续以顺时针方向进行攻丝，直至丝锥穿出工件。采用 $\phi8H7$ 铰刀对已加工的两个 $\phi7.8$ 孔进行铰孔，在铰孔时需加入润滑油。一定要按照顺时针方向进行铰孔，直至铰刀穿出工件。攻丝、铰孔结果如图 3-4-6 所示。

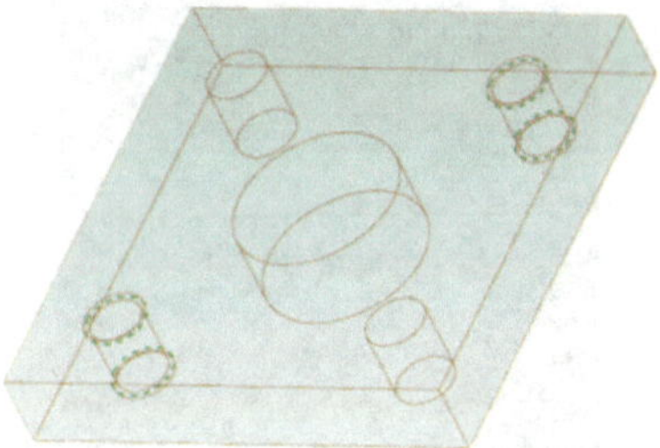

图 3-4-6 完成工件攻丝、铰孔加工

(18)利用 12 寸板锉粗加工方孔。在锉削临近划线位置时,改用小锉刀采用推锉法进行精修,并保证方孔内壁与外轮廓相对应长边的尺寸。

(19)以已加工方孔两边为基准,锉削对应两边,在锉削至临近位置线时,应改用小锉刀进行推锉,并利用游标卡尺进行多次测量,以保证其尺寸满足要求。方孔加工结果如图 3-4-7 所示。

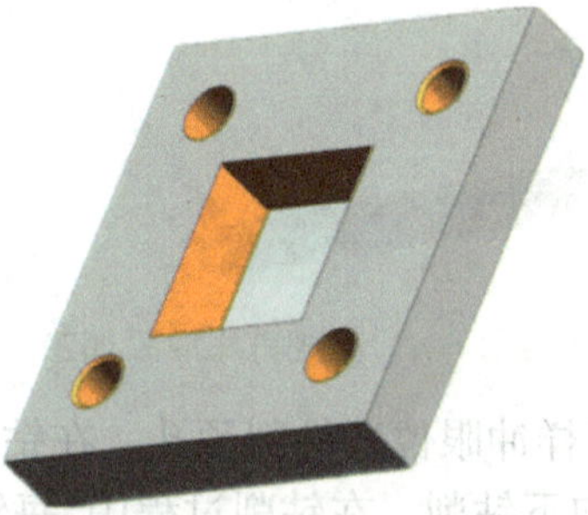

图 3-4-7 完成方孔加工后的凹件成品图

(20)利用凸件进行试配。在试配过程中,使用凸件进行试配。试配要求:可以用手将凸件推动进入凹件方孔,并且可以在方孔两侧进行过渡配合的滑行;如不能正常滑行,在有阻碍的位置利用小锉刀进行精修,直至可以用手推入为止;旋转 90° 同样可以进行配合,并可以将整个凸块推入方孔中;如不能推入,可利用光隙法进行检查,并修整干涉部分,直至可以正常推入。所以,在锉削过程中,一定要保证方孔的各个位置尺寸以及四角的垂直度正确。凸件作为基准件,不允许进行任何修复,所有的锉配加工均要在凹件上进行,直至达到配合间隙≤0.1 mm。配合件成品如图 3-4-8 所示。

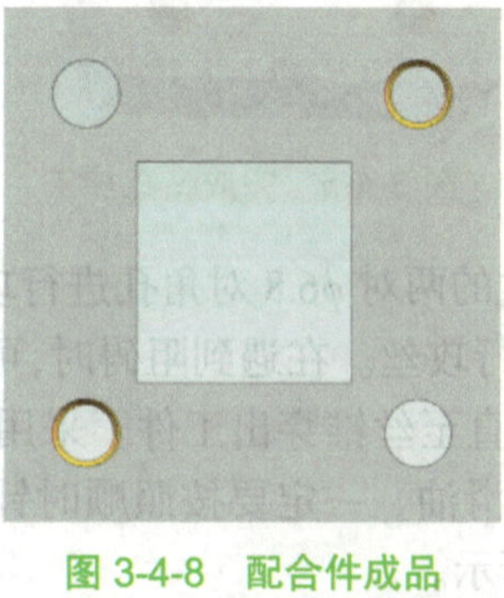

图 3-4-8 配合件成品

☑ 任务评价

任务名称					
班级			学号		
姓名			日期		
序号	考核项目	配分	评分标准	实测记录	得分
1	(60 ± 0.1)mm(2 处)	10	每超差 0.02 mm 扣 1 分		
2	垂直度误差小于 0.1 mm(6 处)	12	每超差一处扣 2 分		
3	孔间距误差小于(40 ± 0.1)mm (4 处)	8	每超差一处扣 2 分		
4	孔加工 ϕ8H7(2 处)	4	每少加工一处扣 2 分		
5	螺纹加工 M8(2 处)	4	每少加工一处扣 2 分		
6	凹件厚度(10 ± 0.1)mm	4	每超差 0.02 mm 扣 1 分		
7	(26 ± 0.1)mm(2 处)	10	每超差 0.02 mm 扣 1 分		
8	垂直度误差小于 0.1 mm(6 处)	12	每超差一处扣 2 分		
9	平面度误差小于 0.1 mm(6 处)	12	每超差一处扣 2 分		
10	凸件厚度(10 ± 0.1)mm	4	每超差 0.02 mm 扣 1 分		
11	单边配合间隙≤0.1 mm(4 处)	10	每处超差 0.05 mm 扣 1 分		
12	倒角去毛刺	2	未完成不得分		
13	安全与文明生产	5	按规定评分		
14	工时(60 min)	3	超时不得分		
总计得分					
学生任务总结:					
教师点评:					

任务 5 趣味制作——孔明锁

☑ 任务内容

在 16 mm × 16 mm × 80 mm 钢板（6 块）上完成如图 3-5-1 所示工件的加工。

图 3-5-1 孔明锁

☑ 任务目标

（1）掌握六面体工件的加工工艺及方法。

（2）能按照垂直度、平行度要求进行锉削加工，并达到工件尺寸及公差要求。

（3）掌握基本的锉配方法。

☑ 任务准备

（1）材料准备：16 mm × 16 mm × 80 mm 钢板（6 块）。

（2）工具准备：划线平板、手锯、锉刀等。

（3）量具准备：刀口直尺、直角尺、游标卡尺等。

☑ 任务步骤

（1）加工零件 1。锉削加工 *A* 基准面，达到平面度和与 *B* 基准面的垂直度要求；6 个加工面要求相互平行，如图 3-5-2 所示。

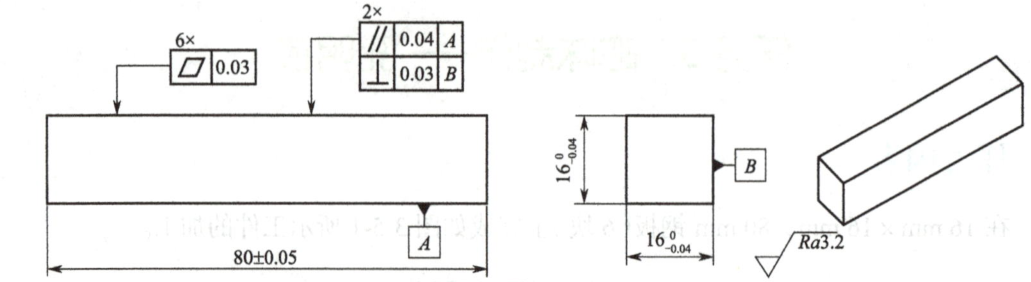

图 3-5-2 零件 1(mm)

(2)加工零件 2。锉削加工 *A* 基准面,达到平面度和与 *B* 基准面的垂直度要求;锉削加工 *A* 基准面的相对面,达到尺寸、平行度、平面度和与 *B* 基准面的垂直度要求, 10 个加工面要求相互平行,如图 3-5-3 所示。

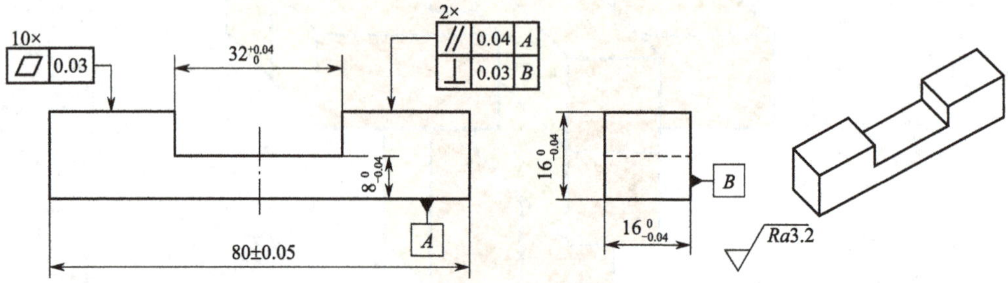

图 3-5-3 零件 2(mm)

(3)加工零件 3。锉削加工 *A* 基准面,达到尺寸、平行度、平面度和与 *B* 基准面的垂直度要求;13 个面要求相互平行,如图 3-5-4 所示。

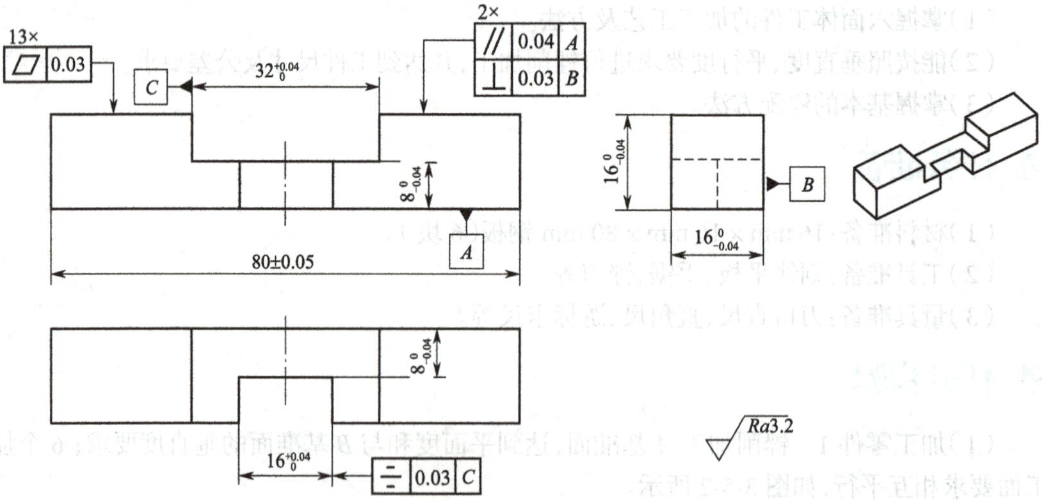

图 3-5-4 零件 3(mm)

(4)加工零件 4。锉削加工 *A* 基准面,达到尺寸、平行度、平面度和与 *B* 基准面的垂直度要求；锉削加工 *A* 基准面的相对面，达到尺寸、平行度、平面度和与 *B* 基准面的垂直度要求；锉削 *D* 基准面要保证平行度的要求；17 个面要求相互平行，如图 3-5-5 所示。

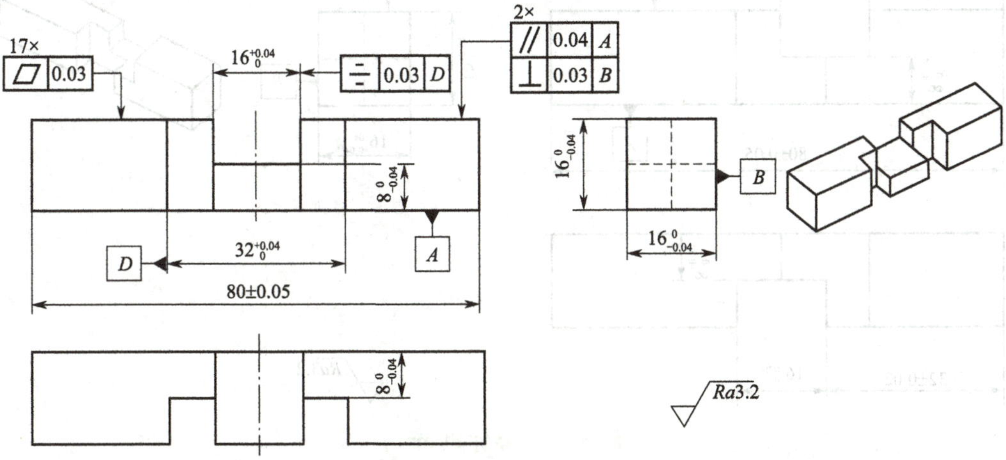

图 3-5-5　零件 4(mm)

（5）加工零件 5。锉削加工 *A* 基准面，达到尺寸、平行度、平面度和与 *B* 基准面的垂直度要求；锉削加工 *A* 基准面的相对面，达到尺寸、平行度、平面度和与 *B* 基准面的垂直度要求；17 个面要求相互平行，如图 3-5-6 所示。

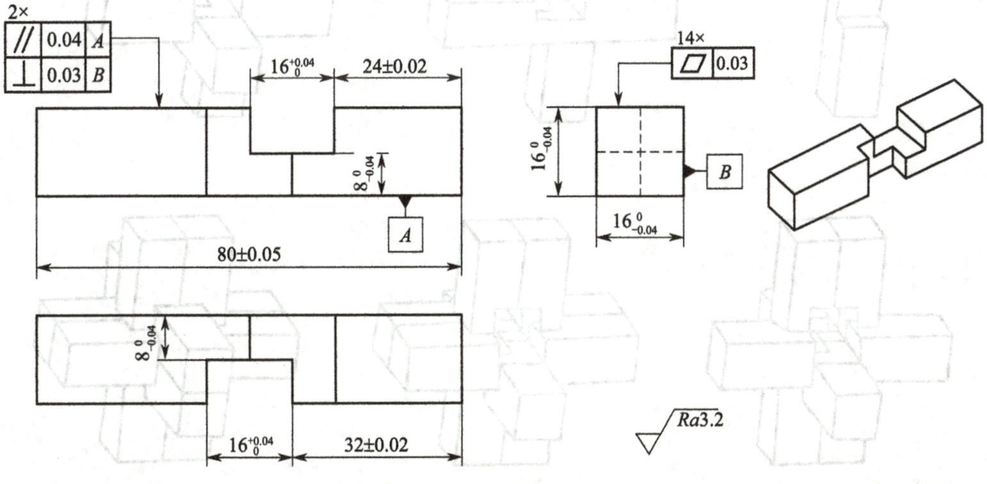

图 3-5-6　零件 5(mm)

（6）加工零件 6。锉削加工 *A* 基准面，达到尺寸、平行度、平面度和与 *B* 基准面的垂直度要求；锉削加工 *A* 基准面的相对面，达到尺寸、平行度、平面度和与 *B* 基准面的垂直度要求；17 个面要求相互平行，如图 3-5-7 所示。

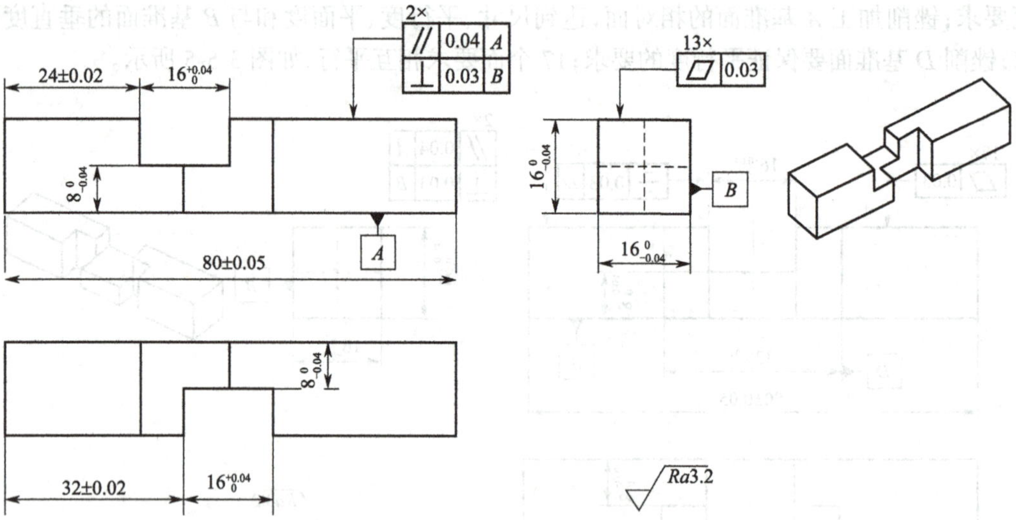

图 3-5-7　零件 6(mm)

(7)装配工序如图 3-5-8 所示。

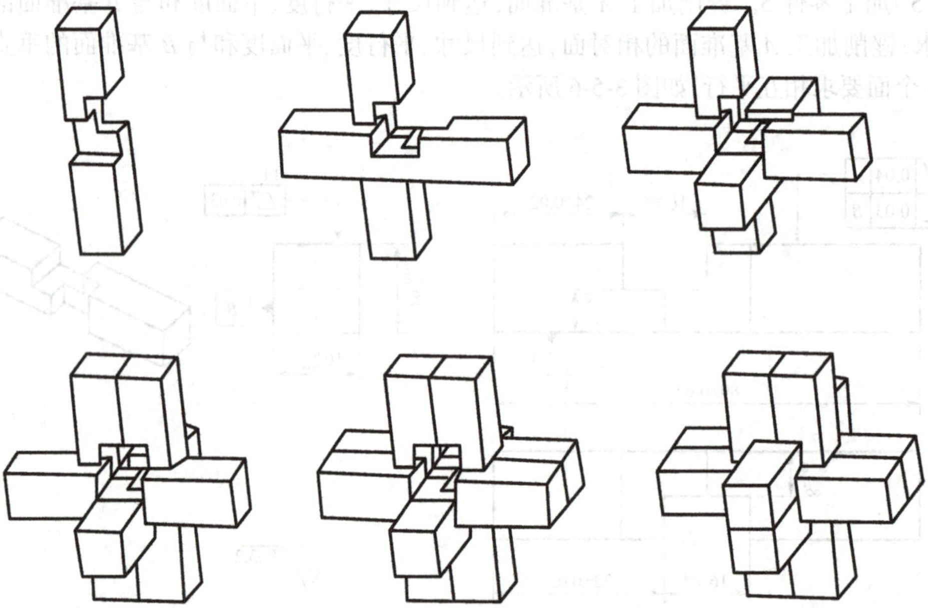

图 3-5-8　装配工序

☑ 任务评价

任务名称					
班级			学号		
姓名			日期		
序号	考核项目	配分	评分标准	实测记录	得分
1	(80 ± 0.05)mm(6 处)	6	每超差 0.02 mm 扣 1 分		
2	$32_{0}^{+0.04}$ mm(3 处)	6	每超差一处扣 2 分		
3	$16_{-0.04}^{0}$ mm(12 处)	12	每超差一处扣 1 分		
4	$8_{-0.04}^{0}$ mm(9 处)	9	每超差一处扣 1 分		
5	$16_{0}^{+0.04}$ mm(6 处)	6	每超差一处扣 1 分		
6	(24 ± 0.02)mm(2 处)	10	每超差一处扣 5 分		
7	(32 ± 0.02)mm(2 处)	10	每超差一处扣 5 分		
8	垂直度误差小于 0.03 mm	10	每超差一处扣 0.5 分		
9	平面度误差小于 0.03 mm	8	每超差一处扣 0.1 分		
10	平行度误差小于 0.04 mm	8	每超差一处扣 0.1 分		
11	倒角、去毛刺	5	未完成不得分		
12	安全与文明生产	5	按规定评分		
13	工时(60 min)	5	超时不得分		
总计得分					

学生任务总结：

教师点评：

国之工匠——“两丝”钳工顾秋亮

顾秋亮,从事钳工安装及科研试验工作四十多年,是一名安装经验丰富、技术水平过硬的钳工技师。

10厘米的一块方铁,要锉到0.5厘米,就是5毫米。为了这个,顾秋亮锉了十五六块方铁,锉刀都用断了几十把。一遍遍地锉方铁,一遍遍地动脑筋琢磨,渐渐地,顾秋亮手里的活儿有了灵性,做的工件全部免检,“两丝”的名号也渐渐被叫响了。

他对工作兢兢业业,刻苦钻研,勇挑重担,一直在平凡的岗位上扮演着“螺丝钉”的角色。凡是交给他的工作任务,他总是绞尽脑汁想着如何改进安装方法和工具,提高安装精度,进而确保高质量地完成安装任务。

工匠精神是敬业和责任,一个钳工把工作做到极致就是创造奇迹,这就是工匠精神。

顾秋亮不善言辞,却“战绩”赫赫,先后参与过包括“蛟龙”号载人潜水器在内的几十项重大装备的研制、安装及调试工作;他奉献40余载,始终如蜡烛般燃烧自我,照亮前路。他,就是七〇二所钳工技师顾秋亮。

2009年起,“蛟龙”号载人潜水器拉开了海上试验的序幕。尽管已50多岁,但四年的海试工作顾秋亮一次都未落下。与他并肩作战的大多数是年轻的科研人员,提到这位亦师亦友的老顾同志,他们都会竖起大拇指,直呼其为“拼命三郎”!

海上试验工作条件非常艰苦,顾秋亮经常不得不在60多摄氏度的高温甲板上挥汗如雨,完成一次次拆卸、安装、维护保养工作。“蛟龙”号内部的操作维护空间比较狭小,顾秋亮常常需要在里面钻进爬出,有时甚至只有一只手能伸进去的地方,他也必须坚持完成设备的拆装和维护。在为期四年的海试中,顾秋亮已记不清历经了多少个不眠之夜。在7 000米级海试期间,顾秋亮和同事连续两个晚上通宵工作,利用自己丰富的工程经验,解决了进口推进器的瑕疵问题。在冲刺7 000米深度大关的前夜,为了修复装于潜水器后上方的推力器,顾秋亮又一次挺身而出,冒雨搭起便梯,忙到凌晨……

“蛟龙”号的首席潜航员叶聪从7 020米的深海回来,在下潜感受中写道:“昨晚,同志们只睡了不到5个小时,顾秋亮则更少。凌晨他们还在后甲板给推力器补油。今天早上,我来到“蛟龙”边,他们已经做好了下潜前的准备。因为有了他们,我无所畏惧,无比自信。他们都是顾大家舍小家的‘平凡英雄’。”

附录A 普通螺纹攻螺纹前钻底孔的钻头直径

螺纹底孔一般是指用丝锥攻内螺纹之前所预制的孔，一般指加工件的内置圆孔。最底或最上面的圆形孔洞均称为底孔。底孔不一定是钻出来的，也可以是由其他方法加工的，如冲、压铸等。若底孔直径与内螺纹直径一致材料扩张时就会卡住丝锥，这时丝锥容易折断；若底孔直径过大，就会使攻出的螺纹牙型高度不足而形成废品。

攻螺纹前螺纹底孔直径的确定标准如下。

公制普通粗牙螺纹攻螺纹前螺纹底孔直径

螺纹代号	钻头直径(mm)		螺纹代号	钻头直径(mm)	
	高速钢	硬质合金		高速钢	硬质合金
M2×0.4	1.6	1.65	M16×2.0	14	14.2
M3×0.5	2.5	2.55	M18×2.5	15.5	15.7
M4×0.7	3.3	3.4	M20×2.5	17.5	17.7
M5×0.8	4.2	4.3	M24×3.0	21	—
M6×1.0	5	5.1	M30×3.5	26.5	—
M8×1.25	6.8	6.9	M36×4.0	32	—
M10×1.5	8.5	8.7	M42×4.5	37.5	—
M12×1.75	10.3	10.5	M45×4.5	40.5	—
M14×2.0	12	12.2	M48×5.0	43	—

公制细牙螺纹攻螺纹前螺纹底孔直径

螺纹代号	钻头直径(mm)		螺纹代号	钻头直径(mm)	
	高速钢	硬质合金		高速钢	硬质合金
M2×0.25	1.75	1.75	M10×1.0	9	9.1
M3×0.35	2.7	2.7	M10×1.25	8.8	8.9
M4×0.5	3.5	3.55	M10×0.75	9.3	9.35
M5×0.5	4.5	4.55	M12×1.5	10.5	10.7
M6×0.75	6.3	6.35	M12×1.25	10.8	10.9
M8×1.0	7	7.1	M12×1.0	11	11.1
M8×0.75	7.3	7.35	M14×1.5	12.5	12.7

续表

螺纹代号	钻头直径（mm）		螺纹代号	钻头直径（mm）	
	高速钢	硬质合金		高速钢	硬质合金
M24×2.0	22.0	—	M36×3.0	33.0	—
M24×1.5	22.5	—	M36×2	34.0	—
M24×1.0	23.0	—	M36×1.5	34.5	—
M30×3	27	—	M42×4	38	—
M30×2	28	—	M42×3	39	—
M30×1.5	28.5	—	M42×2	40	—
M30×1.5	29	—	M42×1.5	40.5	—
M14×1.0	13.0	13.1	M45×4	41	—
M16×1.5	14.5	14.7	M45×3	42	—
M16×1.0	15.0	15.1	M45×2	43	—
M18×1.5	16.5	16.7	M45×1.5	43.5	—
M18×1.0	17	17.1	M48×4	44.0	—
M20×2.0	18	18.3	M48×3	45.0	—
M20×1.5	18.5	18.7	M48×2	46.0	—
M20×1.0	19	19.1	M48×1.5	46.5	—

附录B　普通螺纹套螺纹前圆杆直径

普通螺纹套螺纹前圆杆直径

粗牙普通螺纹				英制管螺纹		
螺纹公称直径	螺距 P（mm）	螺杆直径（mm）		螺纹直径（in）	管子直径（mm）	
		最小直径	最大直径		最小直径	最大直径
M6	1	5.8	5.9	1/8	9.4	9.5
M8	1.25	7.8	7.9	1/4	12.7	13
M10	1.5	9.75	9.85	3/8	16.2	16.5
M12	1.75	11.75	11.9	1/2	20.5	20.8
M14	2	13.7	13.85	5/8	22.5	22.8
M16	2	15.7	15.85	3/4	26	26.3
M18	2.5	17.7	17.85	7/8	29.8	30.1
M20	2.5	19.7	19.85	1	32.8	33.1
M22	2.5	21.7	21.85	11/8	37.4	37.7
M24	3	23.65	23.8	11/4	41.4	41.7
M27	3	26.65	26.6	13/8	43.8	44.1
M30	3.5	29.6	29.8	11/2	47.3	47.6
M36	4	35.6	35.8			
M42	4.5	41.55	41.75			
M48	5	47.5	47.7			
M52	5	51.5	51.7			
M60	5.5	59.45	59.7			
M64	6	63.4	63.7			
M68	6	67.4	67.8			

注：1 in = 25.4 mm。

附录C　钳工中级工实操技能题库

1　内外圆弧

1. 考核要求

（1）公差等级：锉削 IT8。

（2）几何公差：面轮廓度 0.05 mm，垂直度 0.04 mm。

（3）表面粗糙度：$Ra6.3$ μm。

（4）时间定额：240 min。

2. 图形及技术要求

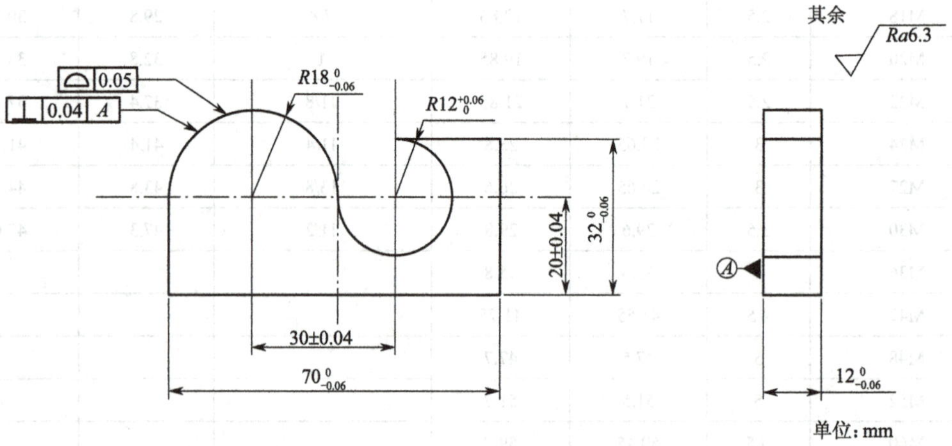

3. 操作技能评分

序号	考核内容	配分	评分标准	检测结果	得分
1	$R18_{-0.06}^{0}$ mm	7	超差不得分		
2	$R12_{0}^{+0.06}$ mm	7	超差不得分		
3	(20 ± 0.04)mm	10	超差不得分		
4	(30 ± 0.04)mm	10	超差不得分		
5	$12_{-0.06}^{0}$ mm	6	超差不得分		
6	$32_{-0.06}^{0}$ mm	8	超差不得分		
7	$70_{-0.06}^{0}$ mm	7	超差不得分		

续表

序号	考核内容	配分	评分标准	检测结果	得分
8	垂直度 0.04 mm	13	超差不得分		
9	面轮廓度 0.05 mm	12	超差不得分		
10	表面粗糙度 *Ra*6.3 μm	10	升高一级不得分		
11	安全与文明生产	10	有违规不得分		

评分人: 年 月 日 核分人: 年 月 日

2 四五六方镶合套

1. 考核要求

(1)公差等级:锉削 IT8。
(2)形位公差:平面度 0.03 mm,垂直度 0.04 mm,平行度 0.04 mm。
(3)表面粗糙度:*Ra*6.3 μm。
(4)时间定额:270 min。
(5)其他方面:配合间隙≤0.04 mm。

2. 图形及技术要求

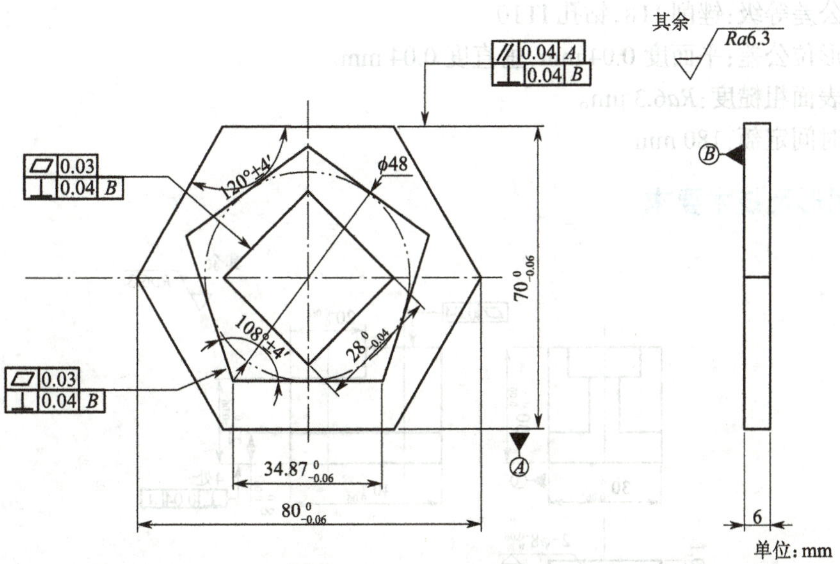

技术要求:凹四方、凹五方按凸件尺寸配制,配合间隙≤0.04 mm(图标尺寸为凸件尺寸)。

3. 操作技能评分

序号	考核要求	配分	评分标准	检测结果	得分
1	$28_{-0.04}^{0}$ mm	4	超差不得分		
2	$34.87_{-0.06}^{0}$ mm	5	超差不得分		
3	$70_{-0.06}^{0}$ mm	6	超差不得分		
4	$80_{-0.06}^{0}$ mm	9	超差不得分		
5	120° ±4′	5	超差不得分		
6	平面度 0.03 mm(2 处)	6	超差不得分		
7	垂直度 0.04 mm(3 处)	9	超差不得分		
8	平行度 0.04 mm	6	超差不得分		
9	配合间隙≤0.04 mm	30	超差不得分		
10	表面粗糙度 *Ra*6.3 μm	10	升高一级不得分		
11	安全与文明生产	10	有违规不得分		

评分人:　　　　年　　月　　日　　　　　　　　核分人:　　　　年　　月　　日

3 异型体

1. 考核要求

(1)公差等级:锉削 IT8,钻孔 IT10。
(2)形位公差:平面度 0.04 mm,垂直度 0.04 mm。
(3)表面粗糙度:*Ra*6.3 μm。
(4)时间定额:180 min。

2. 图形及技术要求

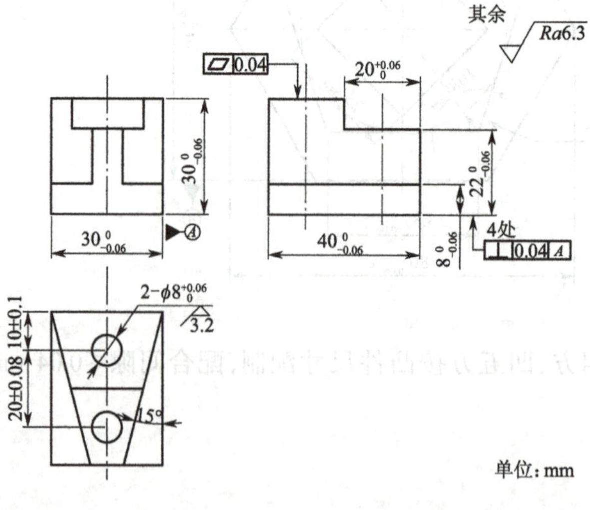

技术要求：
(1)全部棱倒钝；
(2)孔口倒角 0.5 mm×45°；
(3)两平面相交处允许留 *R*2 mm 圆或 2 mm×2 mm 清根处理。

3. 操作技能评分

序号	考核要求	配分	评分标准	检测结果	得分
1	$30_{-0.06}^{0}$ mm(2处)	16	超差不得分		
2	$40_{-0.06}^{0}$ mm	7	超差不得分		
3	$20_{0}^{+0.06}$ mm	7	超差不得分		
4	$22_{-0.06}^{0}$ mm	7	超差不得分		
5	$8_{-0.06}^{0}$ mm	7	超差不得分		
6	15°	5	超差不得分		
7	平面度 0.04 mm(11处)	6	超差不得分		
8	垂直度 0.04 mm(4处)	12	超差不得分		
9	$\phi 8_{0}^{+0.06}$(2处)	10	超差不得分		
10	(20±0.08)mm	5	超差不得分		
11	(10±0.1)mm	4	超差不得分		
12	表面粗糙度 *Ra*6.3 μm	4	升高一级不得分		
13	安全与文明生产	10	有违规不得分		

评分人：　　年　月　日　　　　核分人：　　年　月　日

4 复形样板

1. 考核要求

(1)公差等级：锉削 IT8，钻孔 IT10。
(2)形位公差：对称度 0.06 mm。
(3)表面粗糙度：*Ra*6.3 μm。
(4)时间定额：180 min。

2. 图形及技术要求

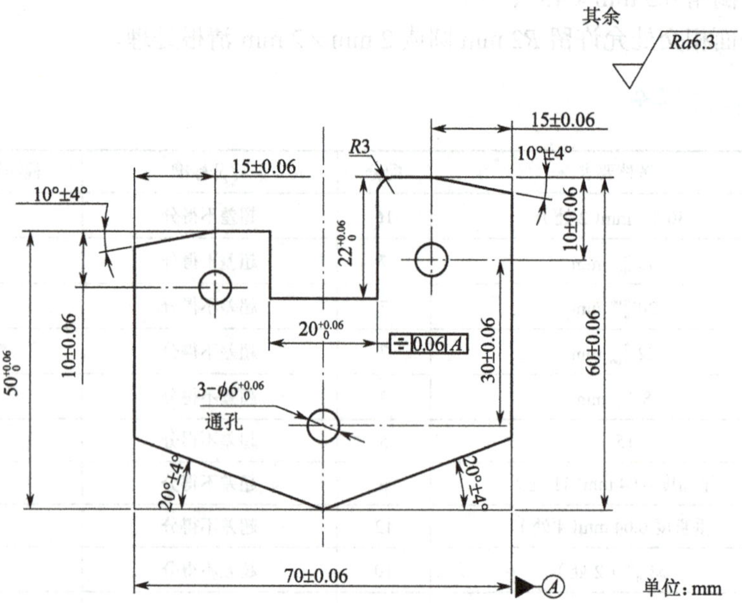

3. 操作技能评分

序号	考核要求	配分	评分标准	检测结果	得分
1	$50^{+0.06}_{0}$ mm	7	超差不得分		
2	(70 ± 0.06)mm	7	超差不得分		
3	(60 ± 0.06)mm	7	超差不得分		
4	$20^{+0.06}_{0}$ mm	7	超差不得分		
5	$22^{+0.06}_{0}$ mm	7	超差不得分		
6	10° ±4°(2处)	6	超差不得分		
7	20° ±4°(2处)	6	超差不得分		
8	对称度 0.06 mm	3	超差不得分		
9	$\phi 6^{+0.06}_{0}$(3处)	8	超差不得分		
10	(30 ± 0.06)mm	4	超差不得分		
11	(15 ± 0.06)mm(2处)	6	超差不得分		
12	(10 ± 0.06)mm(2处)	6	超差不得分		
13	*R*3	6	未加工不得分		
14	表面粗糙度 *Ra*6.3 μm	10	升高一级不得分		
15	安全与文明生产	10	有违规不得分		

评分人:　　　　年　　月　　日　　　　　　　　核分人:　　　　年　　月　　日

5　锉削直槽、曲槽

1. 考核要求

(1)公差等级:锉削 IT8,钻孔 IT10,攻螺纹 H7。
(2)形位公差:平行度 0.04 mm。
(3)表面粗糙度:*Ra*6.3 μm。
(4)时间定额:240 min。

2. 图形及技术要求

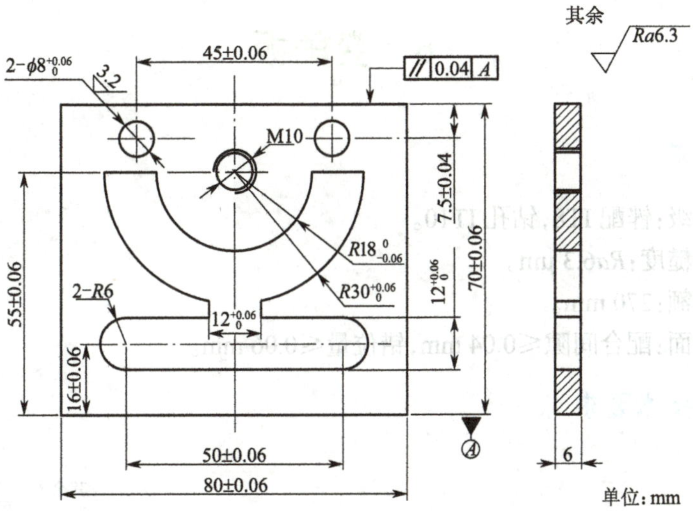

3. 操作技能评分

序号	考核要求	配分	评分标准	检测结果	得分
1	$12^{+0.06}_{0}$ mm(2处)	10	超差不得分		
2	$R30^{+0.06}_{0}$ mm	4	超差不得分		
3	$R18^{0}_{-0.06}$ mm	4	超差不得分		
4	*R*6(2处)	4	超差不得分		
5	(50±0.06)mm	5	超差不得分		
6	(16±0.06)mm	7	超差不得分		
7	(80±0.06)mm	5	超差不得分		
8	(70±0.06)mm	5	超差不得分		
9	平行度 0.04 mm	6	超差不得分		
10	(7.5±0.04)mm	5	超差不得分		

续表

序号	考核要求	配分	评分标准	检测结果	得分
11	$\phi 8^{+0.06}_{0}$ mm（2 处）	4	超差不得分		
12	（45 ± 0.06）mm	5	超差不得分		
13	表面粗糙度 *Ra*3.2 μm	4	升高一级不得分		
14	M10	4	超差不得分		
15	（55 ± 0.06）mm	10	超差不得分		
16	表面粗糙度 *Ra*6.3 μm	8	升高一级不得分		
17	安全与文明生产	10	有违规不得分		

评分人：　　年　月　日　　　　核分人：　　年　月　日

6　变角板

1. 考核要求

（1）公差等级：锉配 IT8，钻孔 IT10。

（2）表面粗糙度：*Ra*6.3 μm。

（3）时间定额：270 min。

（4）其他方面：配合间隙≤0.04 mm，错位量≤0.06 mm。

2. 图形及技术要求

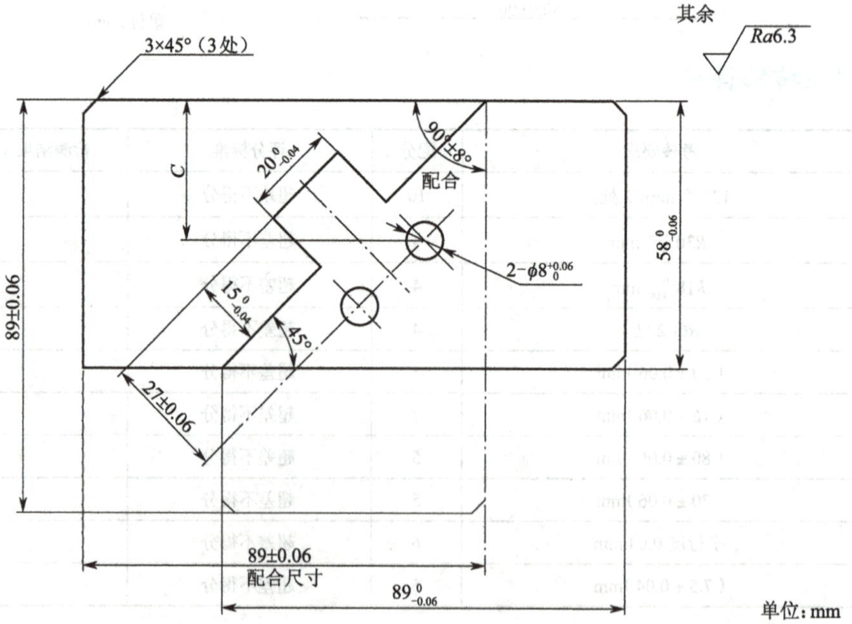

技术要求：

(1)在图示情况下，配合外侧面错位量小于 0.06 mm，配合间隙(包括右件翻转 180°，两孔分别与凹件长边的距离变化量 $\Delta C \leqslant 0.30$ mm；

(2)以凸件为基准，配做凹件。

3. 操作技能评分

序号	考核要求	配分	评分标准	检测结果	得分
1	$58_{-0.06}^{0}$ mm	8	超差不得分		
2	$20_{-0.04}^{0}$ mm	8	超差不得分		
3	$15_{-0.04}^{0}$ mm	6	超差不得分		
4	表面粗糙度 $Ra3.2$ μm(16 处)	16	升高一级不得分		
5	(89 ± 0.06)mm	8	超差不得分		
6	配合间隙≤0.04 mm(5 处)	10	超差不得分		
7	$\Delta C \leqslant 0.30$ mm	6	超差不得分		
8	错位量≤0.06 mm	8	超差不得分		
9	90° ± 8°	10	超差不得分		
10	$\phi 8_{0}^{+0.06}$ mm(2 处)	4	超差不得分		
11	(27 ± 0.06)mm	6	超差不得分		
12	安全与文明生产	10	有违规不得分		

评分人：　　　　年　　月　　日　　　　　　核分人：　　　　年　　月　　日

7 燕尾样板副

1. 考核要求

(1)公差等级：锉配 IT8，钻孔 IT10。

(2)形位公差：对称度 0.1 mm。

(3)表面粗糙度：$Ra6.3$ μm。

(4)时间定额：240 min。

(5)其他方面：配合间隙≤0.04 mm，错位量≤0.06 mm。

2. 图形及技术要求

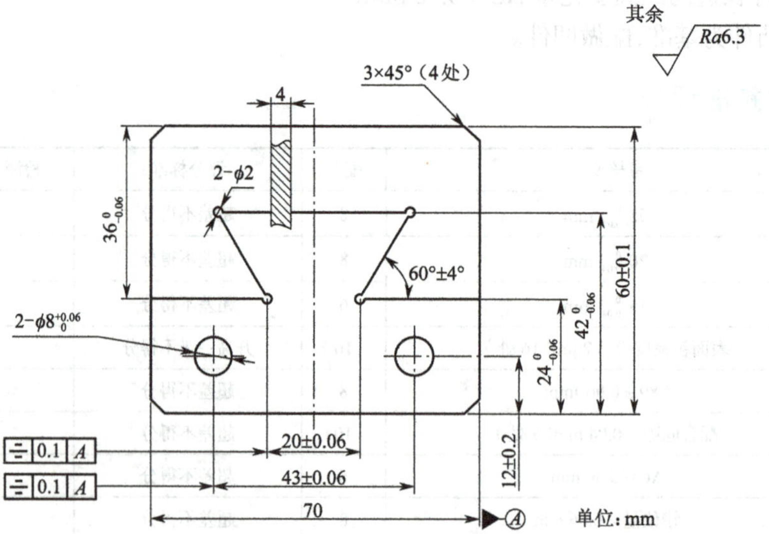

技术要求：以凸件为基准，配做凹件；配合互换间隙≤0.04 mm；两侧错位量≤0.06 mm。

3. 操作技能评分

序号	考核要求	配分	评分标准	检测结果	得分
1	$42_{-0.06}^{0}$ mm	8	超差不得分		
2	$36_{-0.06}^{0}$ mm	8	超差不得分		
3	$24_{-0.06}^{0}$ mm	7	超差不得分		
4	60° ±4°（2处）	10	升高一级不得分		
5	（20±0.06）mm	3	超差不得分		
6	（60±0.1）mm	2	升高一级不得分		
7	对称度 0.1（2处）	10	超差不得分		
8	配合间隙≤0.04 mm（5处）	12	超差不得分		
9	错位量≤0.06 mm	10	超差不得分		
10	$\phi 8_{0}^{+0.06}$（2处）	2	超差不得分		
11	3×45°（4处）	8	超差不得分		
12	（12±0.2）mm（2处）	2	超差不得分		
13	（43±0.06）mm	2	超差不得分		
14	表面粗糙度 *Ra*6.3 μm（2处）	6	升高一级不得分		
15	安全与文明生产	10	有违规不得分		

评分人：　　　　年　　月　　日　　　　　　　　核分人：　　　　年　　月　　日

8　四方镶配件

1. 考核要求

（1）公差等级：锉配 IT8，铰孔 H7。
（2）形位公差：对称度 0.1 mm，垂直度 0.04 mm。
（3）表面粗糙度：*Ra*6.3 μm。
（4）时间定额：300 min。
（5）其他方面：配合间隙≤0.04 mm。

2. 图形及技术要求

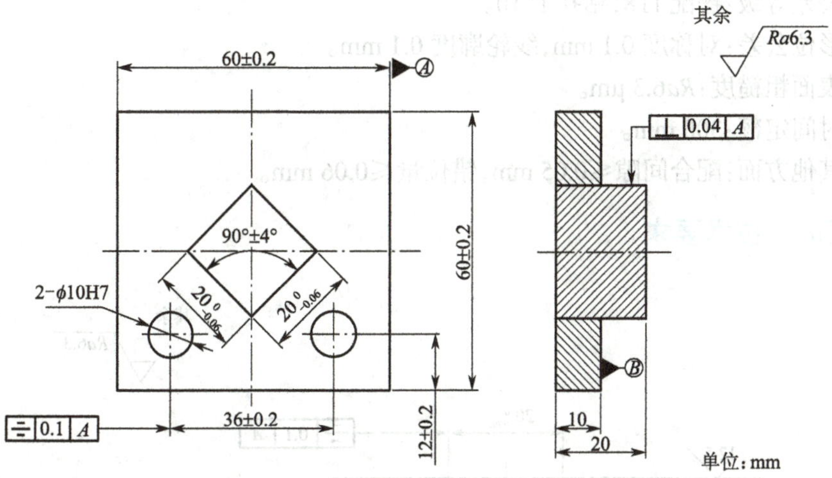

技术要求：以件 1 为基准，配做件 2 四方孔，配合互换间隙≤0.04 mm。

3. 操作技能评分

序号	考核要求	配分	评分标准	检测结果	得分
1	$20_{-0.06}^{0}$ mm（2 处）	8	超差不得分		
2	90° ±4°（4 处）	8	超差不得分		
3	（60±0.2）mm（2 处）	8	超差不得分		
4	（12±0.2）mm	8	超差不得分		
5	四角清晰	2	超差不得分		
6	配合间隙≤0.04 mm（4 处）	28	超差不得分		
7	垂直度 0.04 mm	5	超差不得分		
8	ϕ10H7（2 处）	4	超差不得分		
9	（36±0.2）mm	6	超差不得分		

续表

序号	考核要求	配分	评分标准	检测结果	得分
10	表面粗糙度 *Ra*6.3 μm	10	升高一级不得分		
11	对称度 0.1 mm	3	超差不得分		
12	安全与文明生产	10	有违规不得分		

评分人: 年 月 日 核分人: 年 月 日

9 山形 R 镶配件

1. 考核要求

(1)公差等级:锉配 IT8,钻孔 IT10。

(2)形位公差:对称度 0.1 mm,线轮廓度 0.1 mm。

(3)表面粗糙度:*Ra*6.3 μm。

(4)时间定额:300 min。

(5)其他方面:配合间隙≤0.05 mm,错位量≤0.06 mm。

2. 图形及技术要求

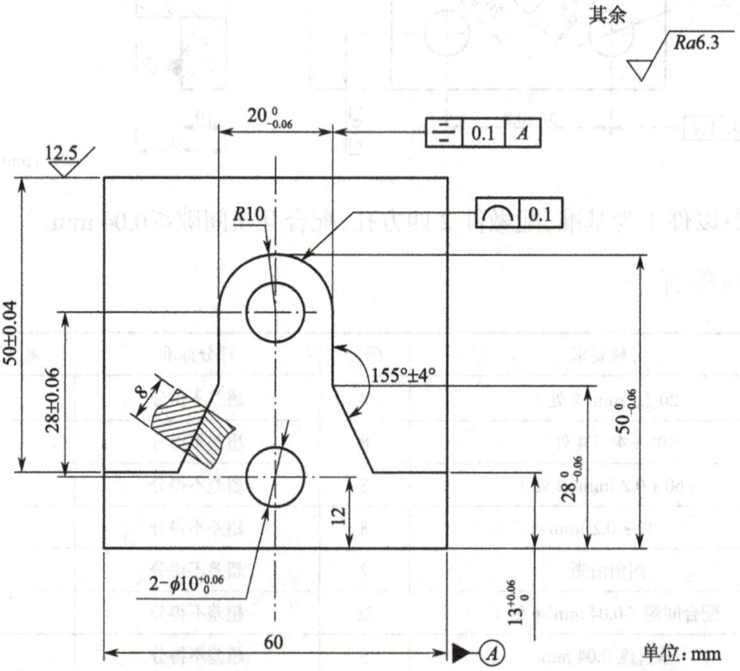

技术要求:以凸件为基准,配做凹件,配合互换间隙≤0.05 mm,两外侧错位量≤0.06 mm。

3. 操作技能评分

序号	考核要求	配分	评分标准	检测结果	得分
1	$20_{-0.06}^{0}$ mm	5	超差不得分		
2	$13_{0}^{+0.06}$ mm	5	超差不得分		
3	$50_{-0.06}^{0}$ mm	5	超差不得分		
4	155° ±4°（2处）	6	超差不得分		
5	线轮廓度 0.1 mm	4	超差不得分		
6	错位量≤0.06 mm	6	超差不得分		
7	配合间隙≤0.05 mm(7处)	21	超差不得分		
8	$\phi10_{0}^{+0.06}$ mm(2处)	3	超差不得分		
9	(28±0.06)mm	10	超差不得分		
10	对称度 0.1 mm	5	超差不得分		
11	(50±0.4)mm	10	超差不得分		
12	表面粗糙度 $Ra6.3$ μm	10	升高一级不得分		
13	安全与文明生产	10	有违规不得分		

评分人：　　　　　年　　月　　日　　　　　　　　核分人：　　　　　年　　月　　日

附录 D　钳工高级工实操技能题库

1　样板

1. 考核要求

（1）公差等级：锉配 IT7、铰孔 IT7。

（2）形位公差：锉配 0.02~0.03 mm、铰孔 0.02~0.03 mm。

（3）表面粗糙度：锉配 *Ra*1.6 μm、铰孔 *Ra*0.8 μm。

（4）时间定额：360 min。

2. 图形及技术要求

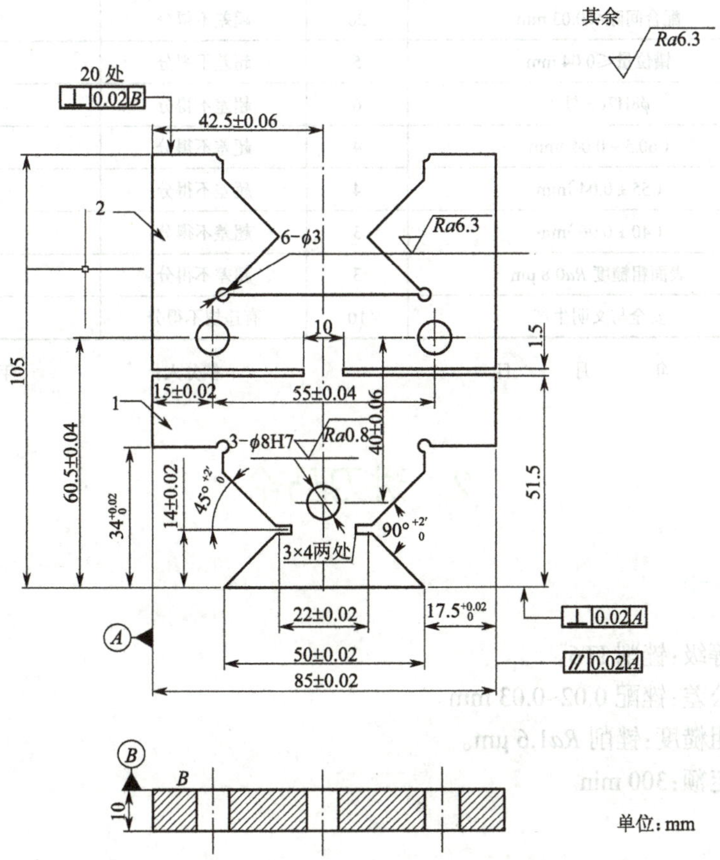

技术要求:
(1)件 1 和件 2 配合间隙≤0.03 mm;
(2)错位量≤0.04 mm。

3. 操作技能评分

序号	考核内容	配分	评分标准	检测结果	得分
1	(85 ± 0.02)mm	4	超差不得分		
2	$34^{+0.02}_{0}$ mm	6	超差不得分		
3	(22 ± 0.02)mm	5	超差不得分		
4	$17.5^{+0.02}_{0}$ mm	4	超差不得分		
5	(14 ± 0.02)mm	4	超差不得分		
6	表面粗糙度 *Ra*1.6 μm	5	超差不得分		
7	垂直度 0.02 mm(20 处)	5	超差不得分		
8	平行度 0.02 mm	4	超差不得分		
9	垂直度 0.02 mm	4	超差不得分		
10	$90^{\circ}\,^{+2'}_{0}$、$45^{\circ}\,^{+2'}_{0}$(2 处)	4	超差不得分		
11	配合间隙≤0.03 mm	20	超差不得分		
12	错位量≤0.04 mm	5	超差不得分		
13	ϕ8H7(3 处)	6	超差不得分		
14	(60.5 ± 0.04)mm	4	超差不得分		
15	(55 ± 0.04)mm	4	超差不得分		
16	(40 ± 0.06)mm	3	超差不得分		
17	表面粗糙度 *Ra*0.8 μm	3	超差不得分		
18	安全与文明生产	10	有违规不得分		

评分人: 年 月 日 核分人: 年 月 日

2 进刀凸轮

1. 考核要求

(1)公差等级:锉削 IT6。
(2)形位公差:锉配 0.02~0.03 mm。
(3)表面粗糙度:锉削 *Ra*1.6 μm。
(4)时间定额:300 min。

2. 图形及技术要求

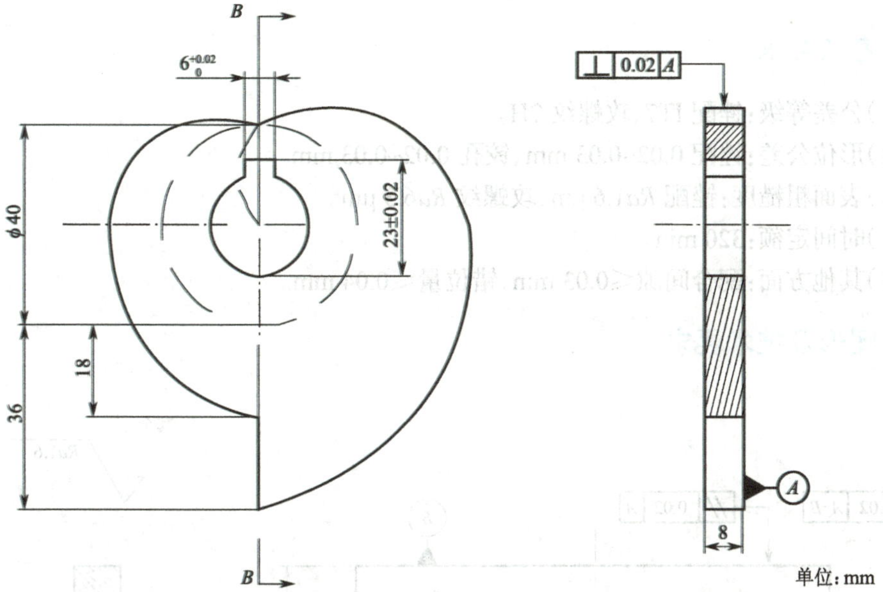

技术要求如下。

（1）凸轮部分为阿基米德螺旋型面。

（2）升程误差：每10°误差为 ±0.02 mm，全升程误差为 ±0.01 mm，型面过渡圆滑、平稳、准确。

（3）键槽的表面粗糙度为 *Ra*1.6 μm。

3. 操作技能评分

序号	考核内容	配分	评分标准	检测结果	得分
1	全升程（36 ± 0.1）mm	20	超差不得分		
2	全升程（18 ± 0.1）mm	20	超差不得分		
3	垂直度 0.02 mm	10	超差不得分		
4	表面粗糙度 *Ra*1.6 μm	10	升高一级不得分		
5	$6^{+0.020}_{0}$ mm	15	超差不得分		
6	（23 ± 0.02）mm	15	超差不得分		
7	安全与文明生产	10	有违规不得分		

评分人：　　　　年　　月　　日　　　　　　　　核分人：　　　　年　　月　　日

3 对称样板

1. 考核要求

(1)公差等级:锉配 IT7、攻螺纹 7H。
(2)形位公差:锉配 0.02~0.03 mm、铰孔 0.02~0.03 mm。
(3)表面粗糙度:锉配 *Ra*1.6 μm、攻螺纹 *Ra*6.3 μm。
(4)时间定额:320 min。
(5)其他方面:配合间隙≤0.03 mm,错位量≤0.04 mm。

2. 图形及技术要求

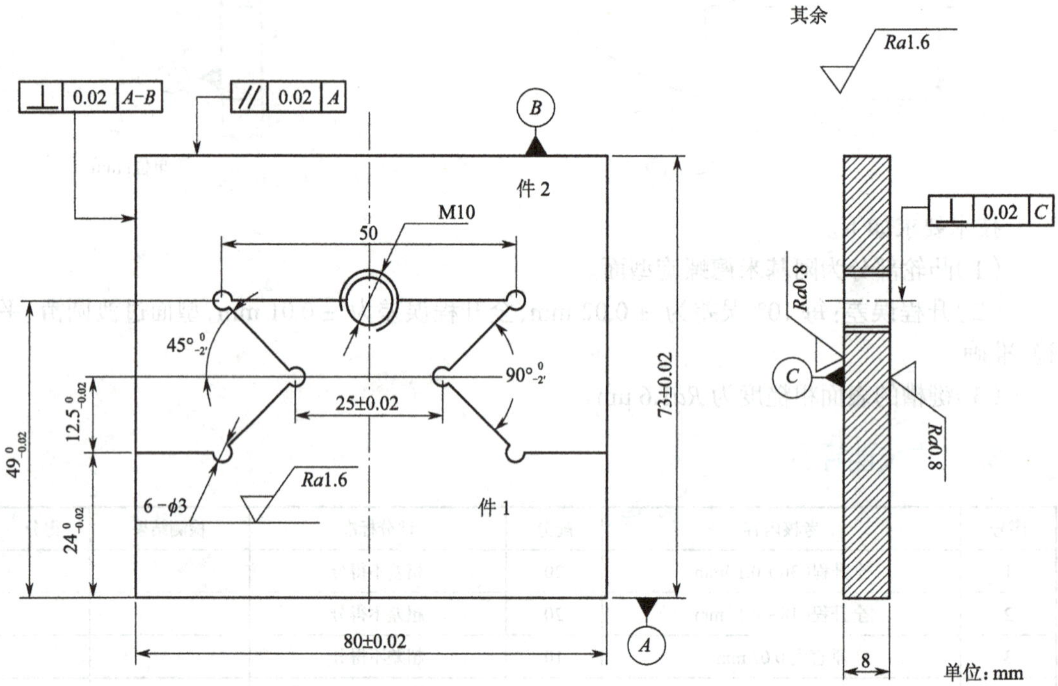

技术要求:以件 1 为基准,配做件 2,配合间隙≤0.03 mm。

3. 操作技能评分

序号	考核内容	配分	评分标准	检测结果	得分
1	(80 ± 0.02)mm	4	超差不得分		
2	$90^{\circ}{}_{-2'}^{0}$	6	超差不得分		
3	(25 ± 0.02)mm	7	超差不得分		
4	$49_{-0.02}^{0}$ mm	4	超差不得分		

续表

序号	考核内容	配分	评分标准	检测结果	得分
5	$12.5_{-0.02}^{0}$ mm	4	超差不得分		
6	$24_{-0.02}^{0}$ mm	4	超差不得分		
7	垂直度 0.02 mm（*A-B*）	4	超差不得分		
8	平行度 0.02 mm	4	超差不得分		
9	（73 ± 0.02）mm	4	超差不得分		
10	表面粗糙度 *Ra*1.6 μm	4	升高一级不得分		
11	配合间隙≤0.03 mm	20	超差不得分		
12	错位量≤0.04 mm	10	超差不得分		
13	M10	5	超差不得分		
14	表面粗糙度 *Ra*6.3 μm	5	升高一级不得分		
15	垂直度 0.02 mm（C）	5	超差不得分		
16	安全与文明生产	10	有违规不得分		

评分人：　　　　　年　　月　　日　　　　　　　　　　核分人：　　　　　年　　月　　日

4　拼块

1. 考核要求

（1）公差等级：锉配 IT7、攻螺纹 7H。

（2）形位公差：锉配 0.02~0.03 mm、铰孔 0.02~0.03 mm。

（3）表面粗糙度：锉配 *Ra*1.6 μm、攻螺纹 *Ra*6.3 μm。

（4）时间定额：360 min。

（5）其他方面：配合间隙≤0.03 mm，错位量≤0.04 mm。

2. 图形及技术要求

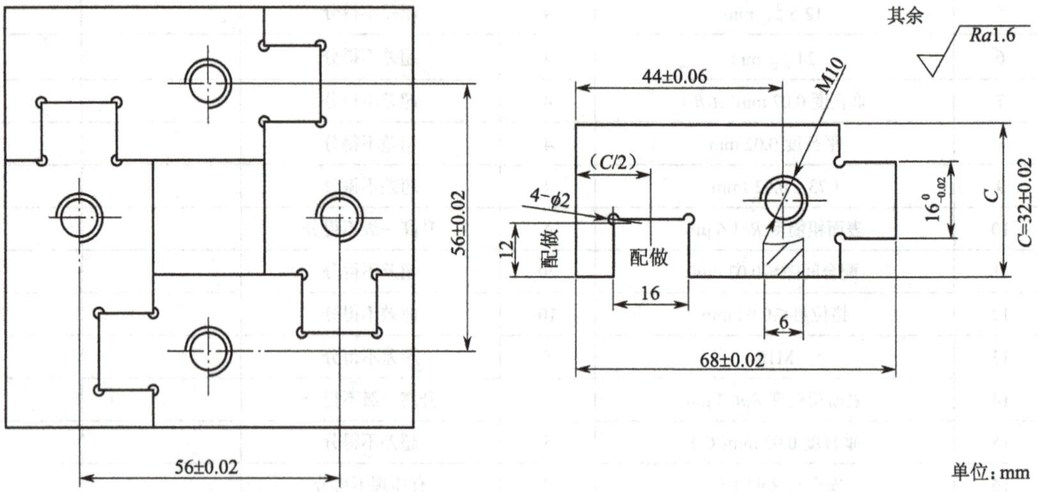

技术要求:按图制作4件,满足装配要求。

3. 操作技能评分

序号	考核要求	配分	评分标准	检测结果	得分
1	(68 ± 0.02)mm(4处)	8	超差不得分		
2	(56 ± 0.02)mm(4处)	8	超差不得分		
3	(32 ± 0.02)mm(4处)	7	超差不得分		
4	$16_{-0.02}^{0}$ mm(4处)	7	超差不得分		
5	表面粗糙度 *Ra*1.6 μm	10	升高一级不得分		
6	配合间隙≤0.03 mm(20处)	20	超差不得分		
7	错位量≤0.04 mm	5	超差不得分		
8	(56 ± 0.02)mm(2处)	5	超差不得分		
9	M10	4	超差不得分		
10	16 mm 配做(4处)	6	超差不得分		
11	(44 ± 0.06)mm(4处)	6	超差不得分		
12	表面粗糙度 *Ra*6.3 μm(4处)	4	升高一级不得分		
13	安全与文明生产	10	有违规不得分		

评分人: 年 月 日 核分人: 年 月 日

5　直角开口锉配件

1. 考核要求

(1)公差等级:锉配 IT7。
(2)形位公差:锉配 0.02~0.03 mm。
(3)表面粗糙度:锉配 $Ra1.6$ μm。
(4)时间定额:360 min。
(5)其他方面:配合间隙≤0.04 mm。

2. 图形及技术要求

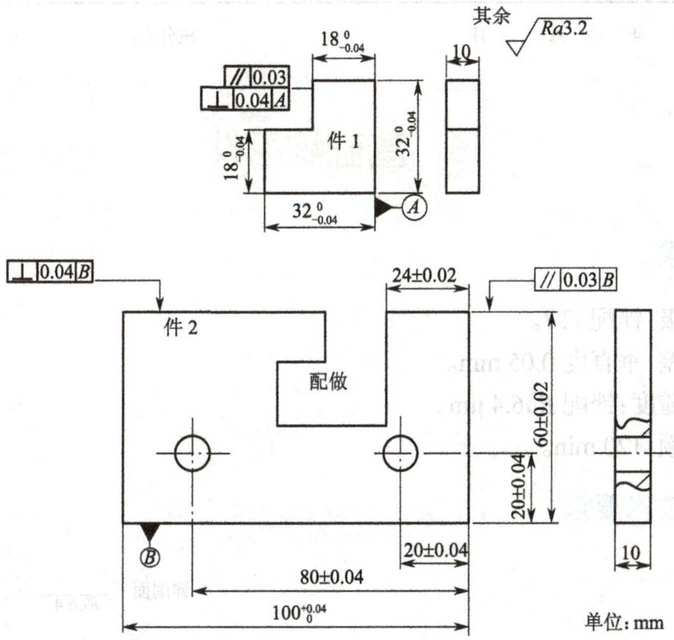

技术要求:
(1)以凸件(件 1)为基准件,凹件(件 2)为配做件;
(2)换向配合间隙≤0.10 mm;
(3)侧面错位量≤0.10 mm。

3. 操作技能评分

序号	考核内容	配分	评分标准	检测结果	得分
1	$100^{+0.04}_{0}$ mm	8	超差不得分		
2	(60 ± 0.02)mm	8	超差不得分		

续表

序号	考核内容	配分	评分标准	检测结果	得分
3	(20 ± 0.04)mm(2 处)	7	超差不得分		
4	(80 ± 0.04)mm	7	超差不得分		
5	表面粗糙度 *Ra*3.2 μm	10	升高一级不得分		
6	配合间隙≤0.04 mm(5 处)	20	超差不得分		
7	$32_{-0.04}^{0}$ mm(2 处)	10	超差不得分		
8	(24 ± 0.02)mm	4	超差不得分		
9	$18_{-0.04}^{0}$ mm(2 处)	6	超差不得分		
10	垂直度 0.04 mm	6	超差不得分		
11	平行度 0.03 mm	4	超差不得分		
12	安全与文明生产	10	有违规不得分		

评分人:　　　　　年　　月　　日　　　　　　　　核分人:　　　　　年　　月　　日

6　基础练习件

1. 考核要求

(1)公差等级:锉配 IT7。
(2)形位公差:垂直度 0.05 mm。
(3)表面粗糙度:锉配 *Ra*6.4 μm。
(4)时间定额:120 min。

2. 图形及技术要求

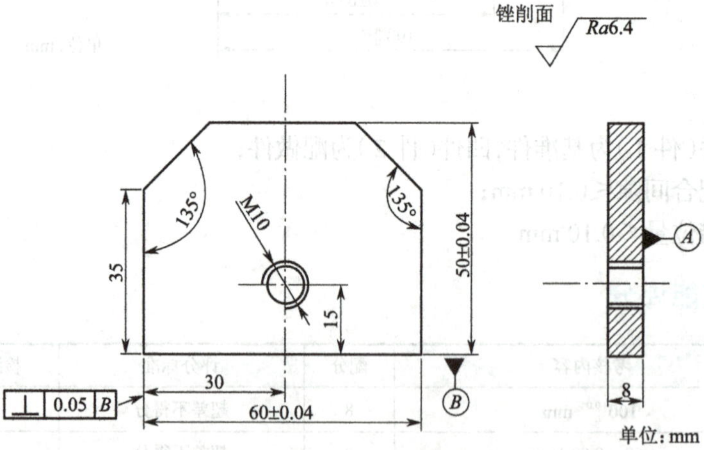

技术要求：
(1)各锉削面平行度与基准面 *A* 的垂直度不大于 0.05 mm；
(2)去毛刺。

3. 操作技能评分

序号	考核内容	配分	评分标准	检测结果	得分
1	(60 ± 0.04)mm	10	超差不得分		
2	(50 ± 0.04)mm	10	超差不得分		
3	30 mm	10	超差不得分		
4	15 mm	10	超差不得分		
5	35 mm	10	超差不得分		
6	135°（2 处）	20	超差不得分		
7	垂直度 0.05 mm	10	超差不得分		
8	M10	10	超差不得分		
9	安全与文明生产	10	有违规不得分		

评分人：　　年　　月　　日　　　　核分人：　　年　　月　　日

7　直角块

1. 考核要求

(1)公差等级：锉配 IT7。
(2)形位公差：平行度 0.08 mm，垂直度 0.05 mm。
(3)表面粗糙度：锉配 *Ra*5.3 μm。
(4)时间定额：180 min。

2. 图形及技术要求

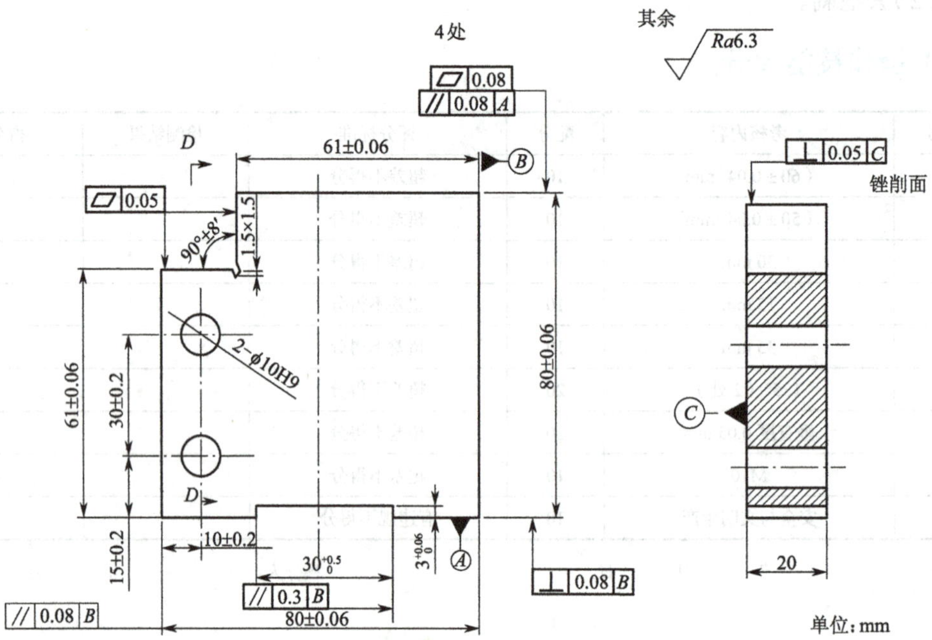

技术要求:

(1)孔倒角 C0.5;

(2)去毛刺。

3. 操作技能评分

序号	考核内容	配分	评分标准	检测结果	得分
1	(80 ± 0.06)mm(2 处)	10	超差不得分		
2	(61 ± 0.06)mm(2 处)	10	超差不得分		
3	(30 ± 0.2)mm	5	超差不得分		
4	(15 ± 0.2)mm	5	超差不得分		
5	(10 ± 0.2)mm	5	超差不得分		
6	$30^{+0.5}_{0}$ mm	10	超差不得分		
7	$3^{+0.06}_{0}$ mm	10	超差不得分		
8	90° ± 8′	10	超差不得分		
9	垂直度 0.05 mm(6 处)	18	超差不得分		
10	ϕ10H9(2 处)	12	超差不得分		
11	安全与文明生产	5	有违规不得分		

评分人:　　　　年　　月　　日　　　　　　核分人:　　　　年　　月　　日

8　燕尾镶配件

1. 考核要求

(1)公差等级:锉配 IT7。
(2)形位公差:圆弧度 0.03 mm。
(3)表面粗糙度:锉配 $Ra1.6$ μm。
(4)时间定额:180 min。

2. 图形及技术要求

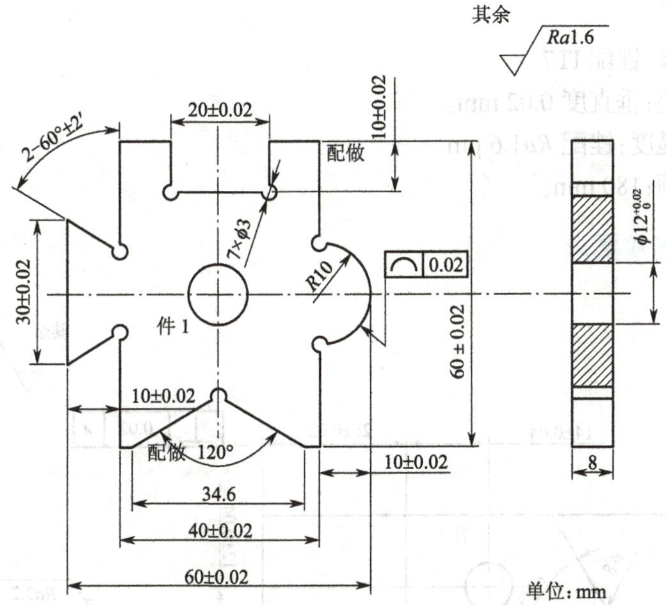

技术要求如下:(1)凹位按件 2 配做;(2)未注倒角 C1,锐角倒钝 C0.2;(3)未注公差尺寸按 IT13。

3. 操作技能评分

序号	考核内容	配分	评分标准	检测结果	得分
1	(60 ± 0.02)mm(2 处)	10	超差不得分		
2	(20 ± 0.02)mm	5	超差不得分		
3	(40 ± 0.02)mm	5	超差不得分		
4	(10 ± 0.02)mm(3 处)	24	超差不得分		
5	(30 ± 0.02)mm	10	超差不得分		
6	60° ± 2′ (2 处)	16	超差不得分		

续表

序号	考核内容	配分	评分标准	检测结果	得分
7	线轮廓度 0.02 mm	10	超差不得分		
8	$\phi12^{+0.02}_{0}$ mm	10	超差不得分		
9	安全与文明生产	10	有违规不得分		

评分人:　　　　年　　月　　日　　　　　　　　核分人:　　　　年　　月　　日

9　燕尾配合件

1. 考核要求

(1)公差等级:锉配 IT7。

(2)形位公差:垂直度 0.02 mm。

(3)表面粗糙度:锉配 *Ra*1.6 μm。

(4)时间定额:180 min。

2. 图形及技术要求

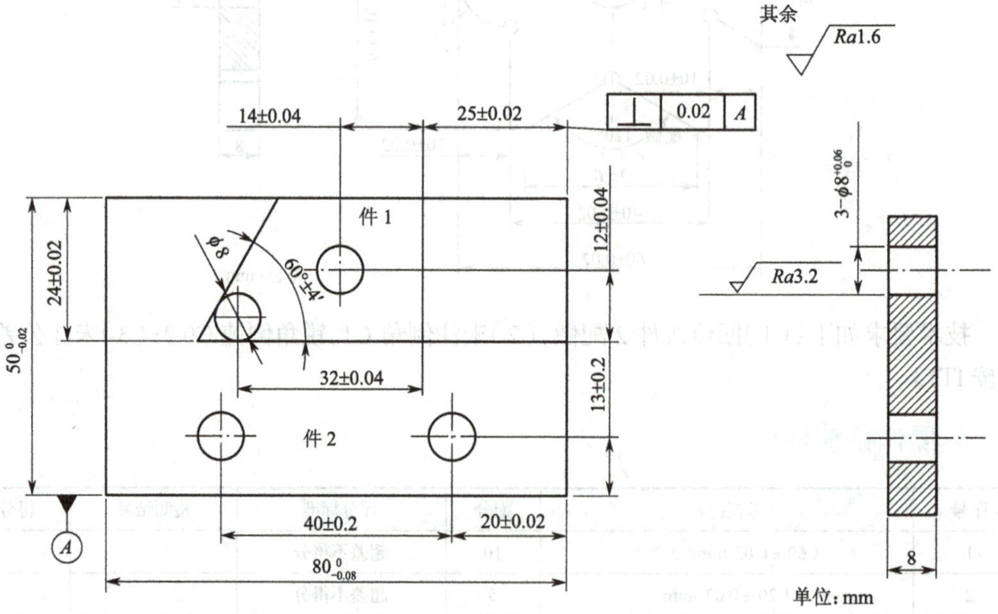

3. 操作技能评分

序号	考核内容	配分	评分标准	检测结果	得分
1	$80_{-0.08}^{0}$ mm	8	超差不得分		
2	$50_{-0.02}^{0}$ mm	8	超差不得分		
3	(24±0.02)mm	8	超差不得分		
4	(25±0.02)mm	8	超差不得分		
5	(14±0.04)mm	8	超差不得分		
6	(12±0.04)mm	8	超差不得分		
7	(13±0.2)mm	8	超差不得分		
8	(20±0.02)mm	8	超差不得分		
9	(40±0.2)mm	8	超差不得分		
10	(32±0.04)mm	8	超差不得分		
11	$\phi8_{0}^{+0.06}$ mm(3处)	15	超差不得分		
12	安全与文明生产	5	有违规不得分		

评分人：　　　年　　月　　日　　　　　　　　核分人：　　　年　　月　　日

10　单燕尾配合件

1. 考核要求

(1)公差等级：锉配 IT7。
(2)形位公差：垂直度 0.03 mm，对称度 0.15 mm。
(3)表面粗糙度：锉配 $Ra1.6$ μm。
(4)时间定额：180 min。

2. 图形及技术要求

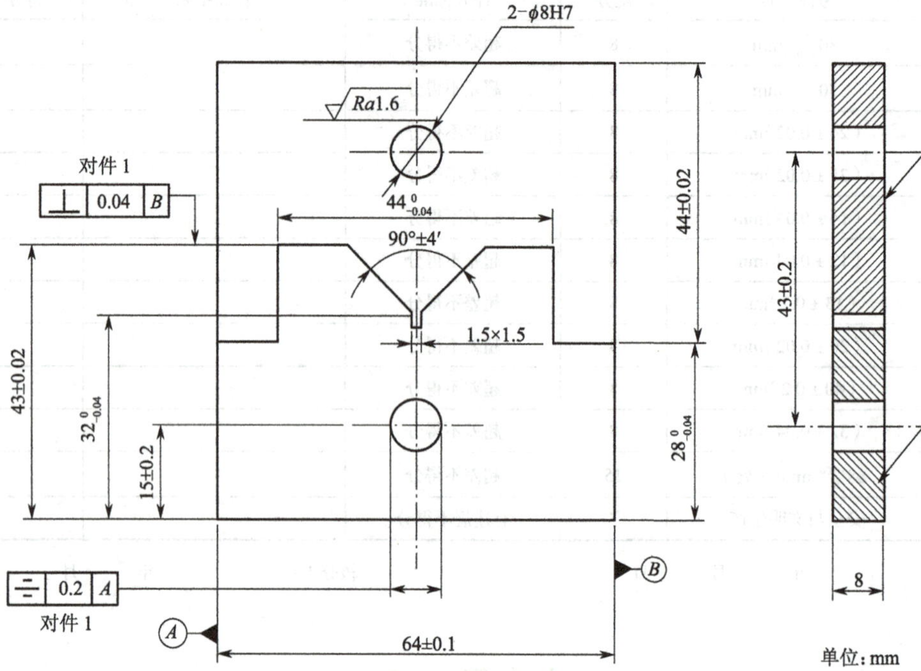

3. 操作技能评分

序号	考核内容	配分	评分标准	检测结果	得分
1	(64±0.1)mm	8	超差不得分		
2	$28_{-0.04}^{0}$ mm	8	超差不得分		
3	(44±0.02)mm	8	超差不得分		
4	(15±0.2)mm	8	超差不得分		
5	(43±0.02)mm（2 处）	10	超差不得分		
6	$32_{-0.04}^{0}$ mm	8	超差不得分		
7	$44_{-0.04}^{0}$ mm	8	超差不得分		
8	对称度 0.2 mm	8	超差不得分		
9	垂直度 0.04 mm	8	超差不得分		
10	90° ±4′	8	超差不得分		
11	ϕ8H7 mm（2 处）	10	超差不得分		
12	安全与文明生产	8	有违规不得分		

评分人：　　　　年　　月　　日　　　　核分人：　　　　年　　月　　日

11 异型配合件

1. 考核要求

(1)公差等级:锉配 IT7。

(2)形位公差:垂直度 0.03 mm,对称度 0.05 mm。

(3)表面粗糙度:锉配 $Ra1.6$ μm。

(4)时间定额:180 min。

2. 图形及技术要求

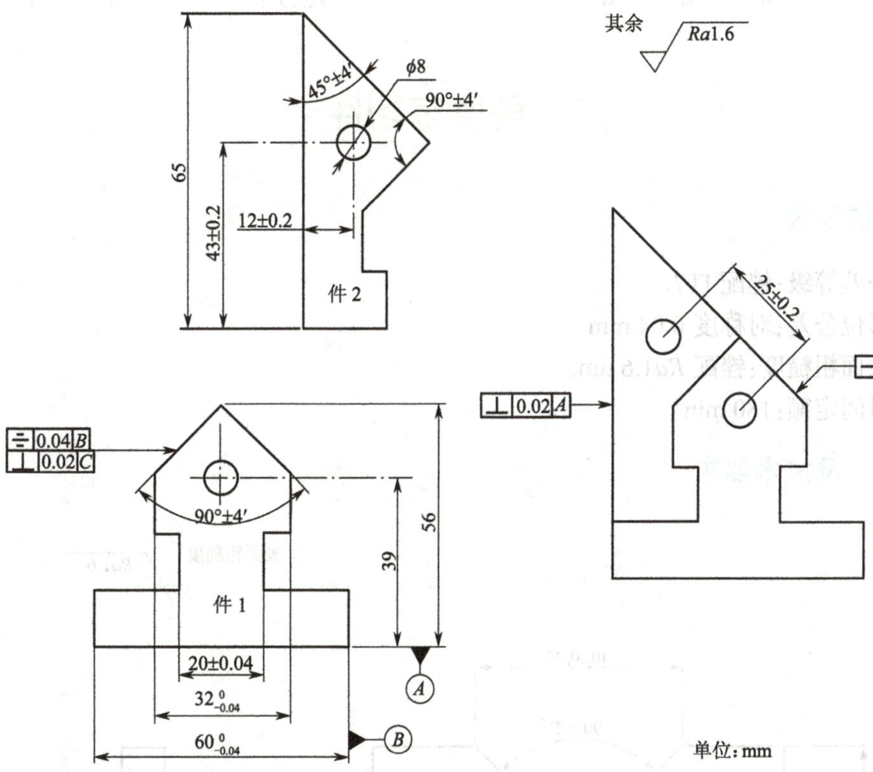

3. 操作技能评分

序号	考核内容	配分	评分标准	检测结果	得分
1	65 mm	8	超差不得分		
2	56 mm	8	超差不得分		
3	39 mm	8	超差不得分		
4	(12 ± 0.2)mm	8	超差不得分		

续表

序号	考核内容	配分	评分标准	检测结果	得分
5	(43 ± 0.2)mm	8	超差不得分		
6	(20 ± 0.04)mm	8	超差不得分		
7	$32_{-0.04}^{0}$ mm	8	超差不得分		
8	$60_{-0.04}^{0}$ mm	8	超差不得分		
9	45° ± 4′	8	超差不得分		
10	90° ± 4′	8	超差不得分		
11	ϕ8 mm	10	超差不得分		
12	安全与文明生产	10	有违规不得分		

评分人:　　　　年　　月　　日　　　　　　　　核分人:　　　　年　　月　　日

12　角度练习件

1. 考核要求

(1)公差等级:锉配 IT7。
(2)形位公差:对称度 0.04 mm。
(3)表面粗糙度:锉配 Ra1.6 μm。
(4)时间定额:180 min。

2. 图形及技术要求

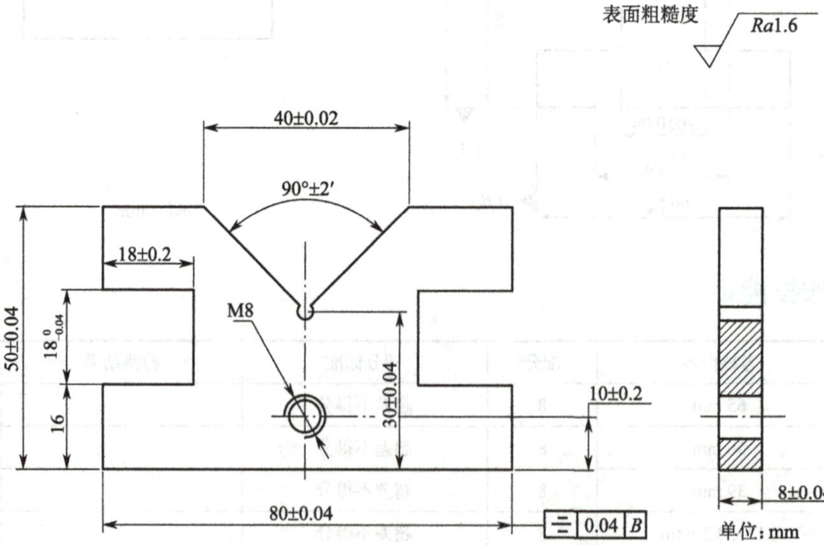

3. 操作技能评分

序号	考核内容	配分	评分标准	检测结果	得分
1	(80 ± 0.04)mm	8	超差不得分		
2	(50 ± 0.04)mm	8	超差不得分		
3	16 mm	8	超差不得分		
4	(10 ± 0.2)mm	8	超差不得分		
5	(18 ± 0.2)mm	8	超差不得分		
6	$18_{-0.04}^{0}$ mm	8	超差不得分		
7	(40 ± 0.02)mm	8	超差不得分		
8	90° ± 2′	8	超差不得分		
9	对称度 0.04 mm	8	超差不得分		
10	M8	10	超差不得分		
11	安全与文明生产	10	有违规不得分		

评分人：　　　　年　　月　　日　　　　　　　　核分人：　　　　年　　月　　日

13　角度配合练习件

1. 考核要求

(1)公差等级：锉配 IT7。
(2)形位公差：对称度 0.04 mm。
(3)表面粗糙度：锉配 *Ra*1.6 μm。
(4)时间定额：180 min。

2. 图形及技术要求

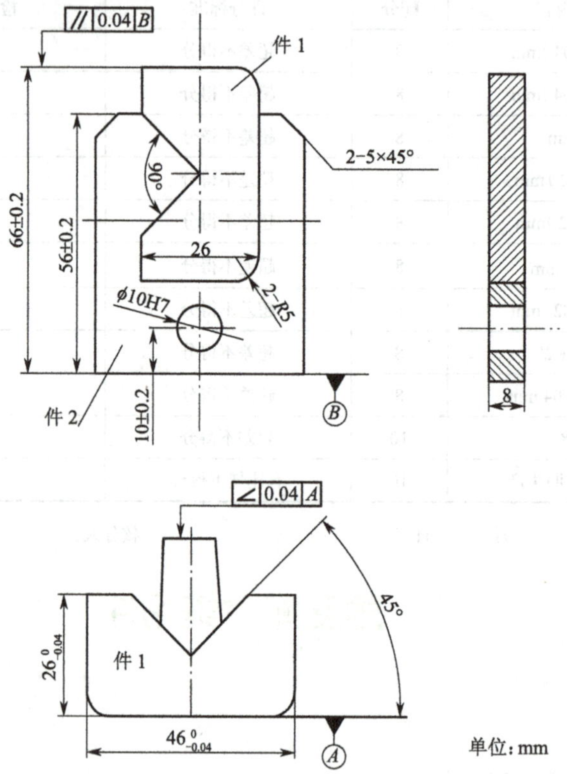

单位：mm

3. 操作技能评分

序号	考核内容	配分	评分标准	检测结果	得分
1	26 mm	4	超差不得分		
2	（66 ± 0.2）mm	8	超差不得分		
3	（56 ± 0.2）mm	10	超差不得分		
4	（10 ± 0.2）mm	10	超差不得分		
5	$46_{-0.04}^{0}$ mm	10	超差不得分		
6	$26_{-0.04}^{0}$ mm	10	超差不得分		
7	5 mm × 45°（2 处）	10	超差不得分		
8	*R*5 mm（2 处）	10	超差不得分		
9	平行度 0.04 mm	8	超差不得分		
10	φ10H7 mm	10	超差不得分		
11	安全与文明生产	10	有违规不得分		

评分人：　　　　　年　　月　　日　　　　　　　　核分人：　　　　　年　　月　　日

14 方形对称配合件

1. 考核要求

(1)公差等级:锉配 IT7。

(2)形位公差:对称度 0.06 mm,垂直度 0.03 mm,平行度 0.03 mm。

(3)表面粗糙度:锉配 *Ra*1.6 μm。

(4)时间定额:180 min。

2. 图形及技术要求

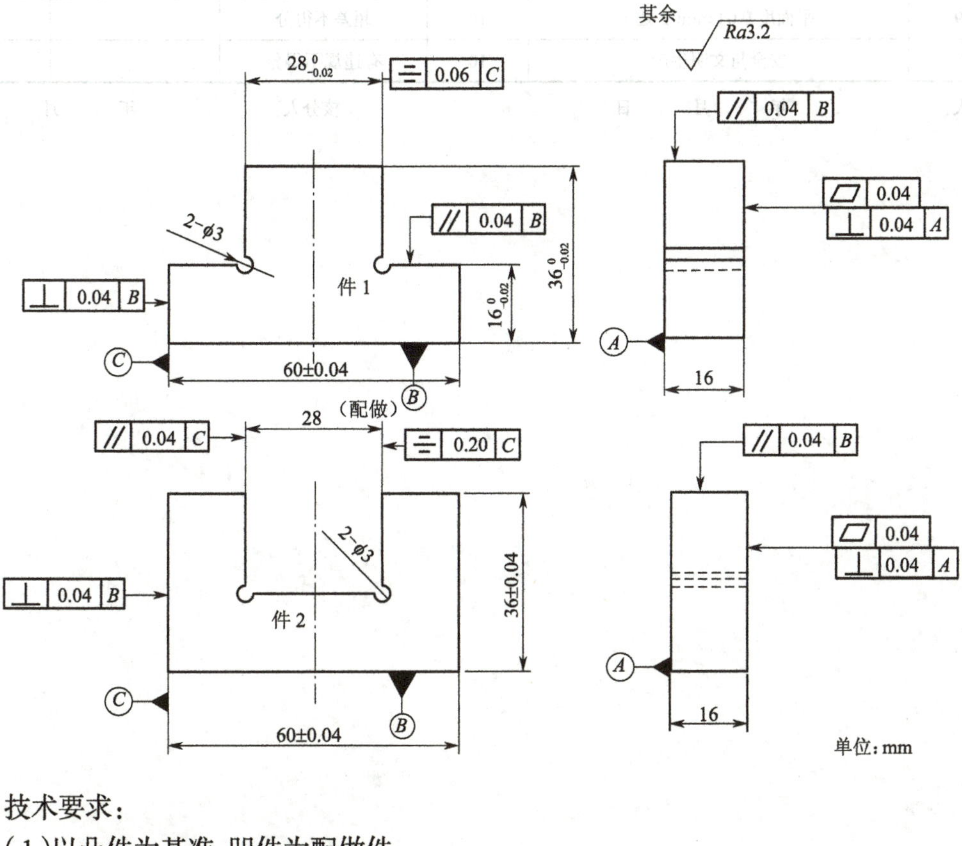

技术要求:

(1)以凸件为基准,凹件为配做件;

(2)换向配合间隙≤0.01 mm;

(3)侧面错位量≤0.01 mm;

(4)凹凸件各面倒角 C4。

3. 操作技能评分

序号	考核内容	配分	评分标准	检测结果	得分
1	(60 ± 0.04)mm(2 处)	10	超差不得分		
2	(36 ± 0.04)mm	10	超差不得分		
3	$16_{-0.02}^{0}$ mm	10	超差不得分		
4	$36_{-0.02}^{0}$ mm	10	超差不得分		
5	$28_{-0.02}^{0}$ mm	10	超差不得分		
6	垂直度 0.04 mm(4 处)	10	超差不得分		
7	平行度 0.04 mm(4 处)	10	超差不得分		
8	对称度 0.06 mm	10	超差不得分		
9	平面度 0.04 mm(2 处)	10	超差不得分		
10	安全与文明生产	10	有违规不得分		

评分人：　　　　年　　月　　日　　　　　　　　　　核分人：　　　　年　　月　　日